西山 勉

河川を巡る旅

東京図書出版

はじめに

　川は流れ、時は移る。

　あることから、海の豊かさが感じられる浜での写真Ａと、何故か寂し
さが感じられる川での写真Ｂを改めて見た。

写真Ａ　大分県国東市黒津崎での会食

写真Ｂ　江戸川　矢切の渡し場から柴又方面を望む

その写真Ａ（2014.10.20）には「海鮮どんは黒津崎が日本中で一番おいしいとおもいます。」とたよりのあった友がいる。また「渡しの漕ぎ方、丸太を避ける古式泳法など高校時代に習得をした」と言った友もいる。それは江戸川の矢切の渡し場ででであった（写真Ｂ、2016.10.25）。あることとは、その友が亡くなったとの知らせを受けたことである。先の海の豊かさを語った友も３年前この世を去った。写真Ａにはさらに「フラフープは示準化石になる」とかつて言った友もいるが、５年前に去っている。両写真を見ながら川の流れと時の移りを意識するとともに、現在を固定したいとの思いが強く湧いた。そこで、川の流れと時の移りを、河川の水質を仲立ちとして、次のようにまとめた。

　第一章は、河川が海に流れ出る河口近くを、コロナ禍の中、ジャックとFITで、訪問した時の紀行文と写真である。ジャックとは15歳の愛犬ジャック・ラッセル、そしてFITとは愛車ホンダFIT（フィット）３代目である。そして河川とはいずれもかつて河川水の採水に訪れた本邦本州の河川である。今回の旅は2020年５月13日から2022年９月６日にかけてである。コロナ禍で宿泊を断られたこともあった。なお、紀行文に合わせ、各河川の紹介とかつて訪れた時の河川の様子なども文と写真にして加えた。

　第二章は、前章で訪問した河川は何れも、かつてJRなど鉄道、バスを利用して１河川を１日内に、３地点以上の橋で採水をしている。また採水した河川水の分析結果から、河川水の下流に伴う水質変化を上流、中流、下流の視点から９パターンに分類整理している。そのことの紹介と、９パターンに近い９河川について、それぞれの水質変化の内容について具体的に検討した。

　第三章は、川の流れを上流、中流、下流と捉え、さらに人生へと敷衍してみた。

　第四章は、改めて、河川とそこに流れる河川水について、その個性と私たちとの関係について述べた。

目次
contents

はじめに 1

第一章　河川河口への旅、ジャックとFITで巡る 5

第二章　流れ方向の水質変化による河川の分類 153

第三章　つれづれなるままに、河川を語る 176

第四章　河川と河川水 183

おわりに 201

あとがき 202

河川河口への旅、ジャックとFITで巡る

河川河口への旅1　夏井川

■2020年5月13日㈬

　夏井川に向けジャックとFITで板橋区成増を9：40に出発した。

　夏井川は、福島県南東部の阿武隈高地を流れて、いわき市平藤間で太平洋に流れ出る流路67.1 km流域面積748.6 km²の河川だ。河口近くの磐城舞子橋に着いたときにはやや強い降水だった（写真1-1）。橋から見る河口付近は砂地が海を遮るように伸びていて（写真1-2）、上流側は満々と河川水が満ちていた。折からの降水で増水しているかのようだ。

　コンビニで昼食を取り、しばらく走ったところで、やや上りのカーブで前車の荷台から大きめの丸太が道に落ちた。幸い道幅が広い所で、重大な交通障害には至らないとは思われたが危険な事故だ。

　小川郷の三島橋に着いたのは13：45。橋は河床から高く、橋から夏井川の流れを見下ろした。上流側の流れは

写真1-1　夏井川　磐城舞子橋

写真1-2　夏井川　磐城舞子橋　左側夏井川河口

大部分左方から手前に階段状に下り、橋を通らない流れも見えた（写真1-3）。2002年2月1日にこの橋近くの夏井川で150羽以上の白鳥に出会っている。

　かつて1990年に4月、7月、10月、12月と季節を変えて夏井川の上流から下流側へ小野新町、川前、小川郷と3カ所で河川水を採取した。その分析結果から、ほとんどの種のイオン濃度が上流の小野新町から下流に向け減じていた。この時期

写真1-3　夏井川　三島橋から上流側（写真上）、下流側（写真下）

の小野新町での採水場所とした平舘橋からみる夏井川は大変汚れ、水生植物も繁茂していたことと、NO_3濃度が高いこととを重ね合わせると、小野新町の夏井川は生活排水など人為的汚染、そして小野新町に温泉があることなどがイオン濃度を高めたとした。下流に伴い流域からの流水による希釈が下流側での濃度の減少となったと思われる。なお、2003年1月に調査したときは小野新町での夏井川は整備されていて、NO_3濃度は低かった。

　那須に向かったが、途中でかなり狭い山道をも通った。幸いに対向車とは出会わなかったが、再び通りたくはないなと思ったりした。

　栃木県那須町到着は16:19だった。

　　所要時間　6時間39分
　　走行距離　353km

河川河口への旅２　久慈川

■2020年５月14日㈭

　久慈川に向かって栃木県那須町をジャックと FIT で11：50に出発した。

　14：11常陸太田市上河合町の久慈川幸久橋近くに着く。橋近くに車を止めて幸久橋へと向かったが、幸久橋は現在解体中だった（写真2-1）。橋の近くに久慈川改修記念碑があり、説明文によると明治以降昭和20年代までに34回の大洪水や風水害があったが、昭和23年からの本格的工事で昭和26年以降久慈川下流での洪水はほとんどないようだ。

　実は増水時の久慈川はこの幸久橋で1993年11月14日に出会っている。その前日の午後から夜に大雨が降り、その日の朝久慈川は茶褐色の泥水が川幅

写真2-1　久慈川　幸久橋近くの歩道橋からの写真上から下に　下流側、上流側（橋は JR 東日本水郡線鉄橋）、上流側で解体中の幸久橋

いっぱいに溢れるような流れへと急変していた。その水質を分析すると濾過後で平常時と比べると Na、Ca、Mg、Cl、SO_4 の濃度は半減し、K、NO_3 は逆に倍増していた。降水と河川の関係を改めて意識したことも覚えている。

　久慈川は福島県と茨城県の県境にある八溝山の北側斜面を源流とし、流路124 km 流域面積1,490 km^2 で、日立市と東海村の境界から太平洋に流れ出る河川である。かつて次のようなことを書いたことがある。

「現在（1996年10月）市販されている地形図（5万分の1）と1991年時に購入した地形図とを見比べると、後者では久慈川中流で小蛇行しながら下る極自然な川だが、前者では堰がありダムがある。またそのダム近くは後者では自然な山地地形だったが前者では不自然な等高線、小さな池、平坦面とゴルフ場もある。前者は1974年測量1975編集、1987年修正測量1991修正とあり、1991年時ダム建設、河川改修、そしてゴルフ場の設置がされていた。したがって、後者の地形図を購入した1991年時点で、すでにその地形図にある大草川の姿は実際とは異なっていた。‘ある’という確認は常にしなければならないのだろうか。すでに‘ない’大草川は偲ぶより他にない。と同時に、今回採水した河川水も、既に大草川の水でないことが強く意識される。」

　久慈川では全面凍結した袋田の滝に出会えたことはあるが、氷片が川面を流れるシガ（氷花）にはお目にかかったことはない、など想った。

　久慈川の河口は久慈大橋からも眺められると思ったが、橋は赤いトラス橋で久慈川の眺めは極めて悪かった（写真2-2）。

写真2-2　久慈川　久慈大橋から久慈川の河口側

　板橋区成増には17:30の到着だった。

| 所要時間 | 5時間38分 |
| 走行距離 | 268 km |

河川河口への旅3　関川、姫川

■2020年5月29日㈮

　関川と姫川に向かい7:02にジャックとFITで長野県青木村を出発した。8:28に到着した黒姫野尻湖PAから見た黒姫山は雪が頂上谷筋にまだはっきりと残っていた。気温は11℃とかなり低い。

関川

　関川の河口近くにある新潟県上越市川原町の荒川橋を渡り、関川左岸を右折し、河口公園となる船見公園の駐車場に9:18着いた。関川河口は広く対岸ははるか遠くにあった（写真3-1）。荒川橋の名は関川の下流域がかつて荒川と呼ばれていた名残で、1969年4月に一級河川となった折に関川の名に統一されたようだ。

　日本海と広い河口

が、荒川なる名とともに何故か寂しく見えた。

越後の直江津にある関川は安寿姫と厨子王丸と関係する（920年ほど前）ようで、その供養塔だと公園近くに由来文があったことも関係したのかも知れぬ（写真3-2）。

関川は流路延長64km、流域面積1140km²の河川であり、新潟市妙高市の焼山（2400m）を水源とし、妙高市、上越市と流れて高田平野に出てから日本海に注ぐ河川である。2006年5月31日に上流側から妙高市大字田口（兼俣橋）、妙高市大字西条（関川橋）、上越市東城町（中央橋）にて採水した。分析の結果、関川は妙高高原、新井、高田と下流するにつれて河川水中のイオン濃度が増加していて、平

写真3-1　関川　河口近くの船見公園から　写真上から順に　河口側、対岸、上流側、河口側拡大、上流側拡大（見える橋は荒川橋）

写真3-2　安寿姫と厨子王丸の供養塔由来文　上越市

均順位数が下流に伴いほぼ1次の関係で増加するパターン1Mと表現できるとした。採水時に妙高市兼俣橋から見た関川の様子を写真で示した（写真3-3）。

姫川

日本海沿いに西進して新潟県糸魚川市の姫川河口に着いた。姫川大橋脇から姫川河原に出た。幅広い河原は石で満ちていた。その先を流れる姫川は対岸の白いセメント工場の建物と煙突がやたら目に付いた（写真3-4）。石の河原を歩いて日本海に出た。姫川は海に直行していて、姫川の河原は同時に日本海の海岸でもあった（写真3-5、3-6、3-7）。姫川はヒスイの産地で古くから知られている。

姫川は流路延長60km、流域面積722km²の河川で、長

写真3-3　関川　妙高市兼俣橋から　上流側（写真上）、下流側（写真下）2006.5.31撮影

写真3-4　姫川　姫川公園から河原越しに見る姫川大橋と対岸の工場

野県大町市の青木湖の北を水源として北に流れて、糸魚川市水崎にて日本海に流れ出る。

かつて姫川を上流より下流側の白馬、南小谷、平岩、小滝で1993、1994、1995年の11月に採水した。姫川水系の特徴は Mg、Ca、SO_4 成分、特に Mg の濃度が高いことで特徴づけられた。小谷の北西の黒姫山周辺には青梅石灰岩が、平岩上流で流入する支流大所川流域などには蛇紋岩が分布する。青梅石灰岩はセメント用石灰岩として採掘されており、ヒスイは結晶片岩中の蛇紋岩中にあり、小滝にて合流する小滝川はその産地である。石灰岩は Ca、蛇紋岩は Mg と結びつき姫川でそれらが高いことは理解できた。なお姫川は糸魚川 — 静岡構造線、すなわち日本の本州弧の

写真3-5　姫川　河口河原から姫川左岸と河口先の日本海を望む

写真3-6　姫川　河口河原からの日本海

写真3-7　姫川　河口河原から姫川右岸

中央部を横断する大断層に沿ってあり、急峻な地形や蛇紋岩など脆い地層の存在などで、地すべりなど土砂災害が多い地帯でもある。1995年の採水時、JR大糸線は7.11水害（1995年7月11～12日に、信越地方で発生した水害）で斜面崩壊や土石流によって不通（全線復旧1997年11月29日）だった。南小谷 ― 小滝間はタクシーを利用したが、「11時00分、小滝の姫川は白濁し、水はぬるぬるする。河原の水際で緑の美が誘う。ヒスイ姫だ。」と野帳にある。また前日11月13日の野帳には次のようなメモがあった。

「白馬にて白馬ロイヤルホテルのカーテンを開ける。6時10分、青い空に白い山がはっきり見える。6時20分、手前の八方山は白色だが、鹿島槍など背の高い奥側の山が赤色に染まり始まる。6時26分、空は青みを失せ、山全てが赤く染まる。高い山の峰は赤みが薄れ黄金色に輝き始めた。手前のゲレンデは白い。6時34分、ゲレンデも赤くなる。近くの山は赤いが奥側の山は黄色から白く輝く。7時00分、温泉から上がって見ると、ゲレンデ、山全てが白くまばゆく輝き、空は青かった。」

　河原で深い緑色の石を拾うなどして、12:30姫川を離れた。

　日本海沿いの海岸は概して狭く、漁港が多いようだ。能生道の駅では漁船の出店が多いのか、船名を挙げた軒が連なっていた（写真3-8）。売店で求めた紅鮭のおにぎりはおいしかった。

　途中の黒姫野尻湖PA近くで黒姫山が迫るように大きく白く輝いて見えたが、後に確かめたドライブレコーダーの動画にそのような迫力ある画面は見いだせなかった。本能、直観などに基づく認識と科学に基づく記録とでは大きな隔たりがあるよう

写真3-8　能生道の駅　糸魚川市能生

だ。

長野県青木村に16:12着いた。

> 所要時間　9時間10分
> 走行距離　393km

河川河口への旅4　荒川（埼玉県、東京都）、養老川

■2020年7月20日㈪

荒川と養老川の河口に向けジャックとFITで板橋区成増を10:21出発した。

荒川（埼玉県、東京都）

荒川の河口を東京都江戸川区葛西臨海公園から眺めようと、公園駐車場に11:36到着した。途中の高速道路はかなりの渋滞だった。公園内から荒川を眺め（写真4-1）、続いて葛西渚橋を渡り、西なぎさ案内所近くから荒川河口を改めて見渡した（写真4-2）。そこからは川の両岸、特に対岸が捉えられず、海への出口が分からない。川の上流側を見るとビルなど高層建築物が小さく遠くに見えて都会近くを流れる河川と意識できる。だが川を象徴する流れがここでは確認できず、川岸に水がありそのまま海に連なっていた。河口との意識は漠となる。

荒川は流域面積2940km²で、幹川流路延長173kmの河川である。水源は奥秩父の甲武信ヶ岳（2475m）の埼玉県側の山腹となるようで、秩父山地の降水を秩父盆地に集め

写真4-1　荒川　葛西臨海公園から

て秩父盆地、そして寄居町から関東平野に流れ出る河川である。『理科年表』（2008年度版）によると観測地点寄居での上流域面積は905 km²で流量は年平均25 m³/s、最大1502 m³/s、最小 5 m³/sである。また埼玉県の面積は3797 km²であるので、埼玉県の実に74%は荒川水系の流域となり、特に埼玉県の中部・西部は荒川の自然と一体をなしていると言ってもいいだろう。

　ここで、2003年 5月30日に見た荒川の上流、中流、下流での姿を秩父市荒川白久の白川橋からと埼玉県皆

写真4-2　荒川　葛西臨海公園葛西渚橋から　荒川河口部（手前の地は葛西臨海公園西なぎさの一部）（写真上）と上流側（写真下）

野町の佐久良橋からは上流側、そして熊谷市の荒川大橋からは下流側を見て写真とした（写真4-3）。

　12:27葛西臨海公園を離れて養老川の河口に向かった。この日、車の流れは悪かった。

養老川

養老川の河口は千葉県市原市となる。養老大橋から養老川を眺めよう

写真4-3　荒川（埼玉県、東京都）　写真上から順に　秩父市白
川橋から上流側、埼玉県皆野町佐久良橋から上流側、
熊谷市荒川大橋から下流側。2003.5.30撮影

と、橋の袂にある卯の起公園の駐車場に13:55車を止めた。養老大橋から養老川を観察した（写真4-4）。上流側は青く塗った太い配管が視野を遮ったが濁った泥水が流れ下っていた。河口側で海は見えている筈なのだが、パイプラインの保護建造物で遮られ、また高い煙突の炎のメラメラも気にもなった。残念ながら養老大橋からは養老川河口ははっきりと確認できなかった。

養老大橋には思い出すことがある。東北地方太平洋沖地震が発生した2011年3月11日

写真4-4　養老川　養老大橋から　上流側（写真上）、河口側（写真下）

の夕方、ここを通り東京に向かったが、養老川右岸河口部にあるコスモ石油千葉製油所で火災が発生し通行止めなどがあり、実際に板橋区成増に帰宅できたのは翌日の昼過ぎとなった。

養老川は流路延長73.4 km、流域面積245.9 km²の河川であり、水源は大多喜町麻綿原高原となる。途中養老渓谷を通って市原市から東京湾に流れ出る。かつて1996年11月26日に養老渓谷、里見、上総牛久にて養老川から河川水を採水しその分析結果から、養老川では太平洋に近い上流部で海水因子が強く、岩石風化による因子は下流側で強く働き、そ

の両者の平均として平均順位数は上流から下流で水質に偏りのないパターン2Mが成立すると思われる。また半島固有の海水の影響が上流下流の全流域にあり、そのことが養老川をこのパターン2Mにたらしめているとも考えられるとした。2002年2月25日に市原市渓谷橋から見た養老渓谷の養老川を写真で示す（写真4-5）。なお、平均順位数とは下流に伴うイオン濃度の変化を濃度順位の変化として捉えたもので、パターン2Mとは河川を下流に伴う平均順位数の変化から分類整理した時の一つのパターンである。パターン1、2、3は上流と下流の平均順位数がそれぞれ上流＜下流、上流＝下流、上流＞下流の関係とし、そしてH、M、Lは中流の平均順位数がそれぞれ上流と下流より高い、間、低いの関係とする。両者を組み合わせた1H、1M、1L、2H、2M、2L、3H、3M、3Lの9パターンによって河川を分類整理しようとする試みで、第二章の「流れ方向の水質変化による河川の分類」の中で詳しく述べた。

写真4-5　養老川　市原市渓谷橋から　上流側（写真左）、下流側（写真右）
2002.2.25撮影

14:10養老大橋を離れ館山市に向かった。

15:52館山市に到着した。

> 所要時間　5時間31分
> 走行距離　156km

河川河口への旅5　夷隅川

■2020年7月22日㊌

夷隅川河口に向けジャックとFITで10:20千葉県館山市を出発した。

夷隅川

夷隅川河口近くのいすみ市岬町江東橋に12:24到着。江東橋から見た夷隅川は大きく左に曲がり橋の北側からは海への出口は見えないが（写真5-1）、橋の南端から出口が見えた（写真5-2）。上流側では右に川筋を曲げ、川幅いっぱいに水深が深そうな様子がうかがえる川面だった。左岸にはヨットをクレーンで引き上げる施設、また右岸には小舟用の簡易桟橋などがあり、ヨットハーバーである（写真5-3）。

夷隅川は房総半島南東部の勝浦市を上流部

写真5-1　夷隅川　江東橋北側から河口側

写真5-2　夷隅川　江東橋南側から太平洋への開口部が見える

として大多喜町の東部、そして夷隅町と流れていすみ市岬町で太平洋に流れ出る。流路延長は67.5 km、流域面積は299.4 km²とウィキペディアにあり、流路長に対する流域面積の割合は4.44 km²/kmとなり、極めてその値は小さく、また最上流部が海岸に近く、特異な河川である。夷隅川は先に訪れた養老川と房総半島で対を成し、夷隅川の流域は円形に近くその北西部が養老川の上流域と接する。養老川はその上流域から北北東へと一気に下流して市原市五井で東京湾に流れ出ている。両河川を1996年から1998年にかけて採水に訪れ、その水質は夷隅川で養老川より海からの影響が強いこと、2、5、8、11月と季節が進むと両河川の水質に個性が生まれること、

写真5-3　夷隅川　江東橋から上流側

写真5-4　夷隅川　大多喜町三国橋から　上流側（写真上）、下流側（写真下）2002.2.25撮影

両河川は上流部で同じ地層場を流れ水質が類

似すること、海水の影響を除くと採水場所よりも採水時の季節に、そしてその季節変化は降水量と温度に関係することが解った。

　2002年2月25日に夷隅川上流の様子を大多喜町三国橋から見た（写真5-4）。

　12:53江東橋を離れ成増に向かった。

　14:51板橋区成増に到着。

> 所要時間　4時間45分
> 走行距離　198km

河川河口への旅6　利根川、栗山川

■2020年9月15日㈫

　やや涼しい曇りの早朝8:00、ジャックとFITで利根川と栗山川の河口に向け板橋区成増を出た。

　ホンダトータルケアで登録したMyコースに導かれスタートした。さて、カーナビは渋滞などを判断したのか予定より北寄りのコースを取った。つくば、牛久などが登場した。高速道から出て利根川北側の一般道を通ったが、利根川は大河だと改めて思う風景と出会ったり、石垣や垣根に囲まれた家々が多くを占める落ち着いた地区を通ったりした。

利根川

　一般道をかなり走り、利根川を11:06に銚子大橋で渡った。千葉県銚子市に入り駐車場に車を止めて海岸公園から利根川の様子を観察した（写真6-1）。

　次に銚子第三漁港の卸売市場前の駐車場に

写真6-1　利根川　右岸から見た銚子大橋

車を止め、千人塚海難漁民慰霊塔の高台から利根川河口を見た。対岸の発電用風車が目に付き、造られた河口との感を強くした（写真6-2）。利根川は太平洋に突き出た地形の北側に河口を開き、かつて海難事故が多かったようだ。その後防波堤、漁港などの整備が進み海難事故は少なくなったが、河口は造られた姿へと変わったのだろう。

そして銚子ポートタワーの展望台に移り利根川、銚子市、太平洋を眺望し、利根川を後にした（写真6-3、6-4、6-5）。

かつて次のような文で始まる論文を書いた。

「利根川の流域面積16840 km²は本邦第1位であり、その幹川流路延長322 kmは信濃川の367 kmに次いで

写真6-2　利根川　千人塚海難漁民慰霊塔の高台から河口の対岸

写真6-3　利根川　銚子ポートタワー展望台から見る河口部

写真6-4　利根川　銚子ポートタワーの展望台から見る河口部　写真6-3の拡大

本邦第2位となる大河である．その流域は東京都と神奈川県を除く関東5県に広がるが特に，上流域はほぼ群馬県（一部栃木県を含む）に全く重なる．すなわち利根川の自然域は群馬県の行政区域と重なり，群馬県での暮らしの根本は利根

写真6-5　利根川　銚子ポートタワー展望台から

川の自然にあるといっても過言ではないだろう．」さらに「1998.10.9の採水日は関東地方で集中豪雨が発生してから日が浅かった．台風5号により9月16日利根川は前橋市内で氾濫し県庁脇の利根川河川敷駐車場から85台の車が流されたとの報道があった．前橋の平成大橋から見た利根川の流れに特段異常を認めなかった．平成大橋上流で利根川は大きく回りこんでくる．その岸側で護岸用のテトラポットが快晴の陽で白く目立っていた．そのテトラポットに黒いビニールゴミのようなものが引っかかっていた．しかし黒いものが自動車だと気づき，よくみると3台あった．自動車のあることにまた自動車の大きさからテトラポットがとても大きいことを二重に驚いた。そして利根川の大きさを改めて実感し，物の大きさ，空間の広がりは相対的であることに気付いた．河床で育った樹が洪水でなぎ倒されている様も，流れに洗われた枯れ草と見ていたのだ（写真上）．白く大きく感じたテトラポットは10年後では黒くそして大きくは感ぜられず，代わりに木の茂りを強く感じた（写真下）．今両写真には10年の時間経過があり，その10年を水は絶えずその場を流れ続けた．その両者の水質は次のようであり Na, K, Mg, Ca, Cl, NO$_3$, SO$_4$ の濃度は15.3, 10.9, 3.8, 20.9, 11.5, 2.7, 4.8% それぞれ NO$_3$ 以外は10年前より濃度が高く，水の色に10年前より若干の濁りを感じる．10年前に見たその風景は写真には無い．同じ利根川だが，同じ平成大橋から見

ているが，決して同じ
ではない．名に固定し
てある．利根川が，平
成大橋が，そして橋か
ら見る利根川の流れは
ある．しかし名は実体
ではない．実体は移
ろっている．テトラ
ポットの意識した大き
さは，その色は，河川
水の色は，水質は刻々
違うようだ．名に固定
した知識は，学問は，
科学は，実体を，そし
て実態を果たして取り
押さえたのだろうか．
実体，実態は移ろい，
留まらない．実体は，
実態は現在にある．」
　1998年10月9日に
平成大橋から撮った利

写真6-6　利根川　前橋市の平成大橋から上流
　　　　側でテトラポットの上に黒い自動車
　　　　（1998.10.9撮影）（写真上），10年後のテ
　　　　トラポット（2008.9.27撮影）（写真下）

根川の写真をここでも示した（写真6-6）。また2008年9月27日と2001
年5月26日に利根川上流のみなかみ町谷川橋から見た水量は全く違っ
ていた（写真6-7）。次に上流域はほぼ群馬県と重なるとした群馬県内を
流れる支流について写真で示した（写真6-8a, b, c, d）。渡良瀬川は幹
川流路延長107 km、流域面積2,621 km²で2008年9月28日に藤間の本山
小学校前の橋から（写真6-8a）、吾妻川は幹川流路延長76 km、流域面
積1,366 km²で2006年9月11日に大前の大前橋から（写真6-8b）、碓氷
川は幹川流路延長38 km、流域面積291 km²で利根川支流烏川（幹線流
路延長62 km、流域面積1,724 km²）の支流つまり利根川の二次支流だが

写真6-7　利根川　写真上から順に　水上町谷
川橋から上流側、下流側　（2008.9.27
撮影）、上流側（2001.5.26撮影）

写真6-8a　利根川支流渡良瀬川　藤間　本山小学校前の橋から上流側（写真左）、下流側（写真右）　2008.9.28撮影

写真6-8b　利根川支流吾妻川　大前　大前橋から上流側（写真左）、下流側（写真右）　2006.9.11撮影

写真6-8c　利根川支流烏川の支流碓氷川　横川　西尾大橋から上流側（写真左）、下流側（写真右）　2006.9.11撮影

写真6-8d　利根川支流鏑川　本宿　常盤橋から上流側（写真左）、下流側
（写真右）　2006.9.10撮影

2006年9月11日に横川の西尾大橋から（写真6-8c）、そして鏑川は幹川
流路延長59km、流域面積632km²で2006年9月10日に本宿の常盤橋か
ら（写真6-8d）それぞれに見た様子である。

栗山川

栗山川は成田市の下総台地が水源で、九十九里平野を下流して、
九十九里浜中央部の横芝光町で太平洋に流出している。流路延長は
38.8km、流域面積は292km²である。

横芝光町の栗山川河口近くの屋形橋を13:45に渡った。屋形海岸のマ
リンピアくりやまがわ公園から栗山川の河口を見ようとしたが、新型コ
ロナの影響で千葉県は全海水浴場を閉鎖しており、公園に向かう道は
閉ざされていた。近く
の護岸越しに屋形橋と
栗山川の河口を眺めた
（写真6-9）。河口では
釣り人が多く目に付い
た。小さな船溜まりの
周りとか、対岸の砂地
の河川敷などである。

栗山川をJR東日本

写真6-9　栗山川　河口部

総武本線の横芝駅近くの橋からも見たが、かつてあそこでタナゴ、フナ、ボラなど釣ったのかと、河口での光景と重ねて懐かしく想い出した（写真6-10）。なお横芝駅の駅舎は千葉県内最古の駅舎で1897（明治30）年6月1日の開業時の建物のようだ（写真6-11）。

板橋区成増には18:01到着。

所要時間
　10時間1分
走行距離
　363 km

写真6-10　栗山川　JR東日本総武本線横芝駅近くの橋から　下流側

写真6-11　横芝駅（JR東日本総武本線）千葉県内最古の駅舎

河川河口への旅7　富士川、狩野川

■2021年2月23日㈫

　富士川と狩野川の河口に向かい、8:27板橋区成増をジャックとFITで出た。

　東名高速道からは、快晴もあって、葉を落とした褐色の冬の山々の眺望は優れ、特に足柄近くでは山奥の感を強く味わえた。富士山は雪に白く輝きその姿をしばしば見せた。足柄SAでの富士山は間近にあった（写真7-1）。

富士川

　11:16に富士川東側河口の静岡県富士市緑地内サッカー場前に到達した。ここからの富士山も良かった（写真7-2）。富士川河口の河原は大変広く拡がり、緑地公園、スポーツ施設など、そして西側河原には飛行場もあるようだ。富士川河口まで枯草で覆われた河原の道を歩いたが、枯れたすすき野越しに富士山が見え、人の手が入る前も同じような風景かとも想った（写真7-3）。今は渇水期だろう、川面は岸から数メートル下にあった。水面に沿う川岸は小石から成り極狭く、急流で知れた富士川の流れは直ぐ深く海に向かっていた。さすがに大河で対岸の様子は定かでないが、上流側には先ほど車で渡った新富士川橋が見えた（写真7-4）。

　枯れ草で足を取られ転んだりしながら、ジャッ

写真7-1　東名高速足柄SAから

写真7-2　富士川　河口緑地帯から

写真7-3　富士川　東側河原から

写真7-4　富士川　東側河口河原にて　上流側
（遠望に新富士川橋）、対岸、下流側、
河口部（駿河湾に開く）。（写真左上か
ら順に）

クと風強く砂を舞い上げる砂礫の海岸に出た。砂浜は幅狭く黒っぽく流
木を多く埋めていた。風にあおられた波が駿河湾の海から寄せていた
（写真7-5）。

　富士川は流路延長128 km、流域面積3,990 km²の河川である。山梨県
白州町と長野県富士見町の県境の鋸岳（2685 m）を源流とし、八ヶ岳
（2899 m）、北岳（3193 m）、富士山（3776 m）などの名立たる高山を流
域とし、実に流域の90%が山地で、ほぼ山梨県の降水を集めた急流は
静岡県を通って駿河湾に流れ太平洋に出る。富士川の上流部は釜無川と
呼ばれ笛吹川が合流して富士川の名に変わるようだ。

　釜無川と富士川の上流より下流に、信濃境、穴山、韮崎、市川大門、
波高島、内船、芝川で、笛吹川は市川大門で1993年11月、1994年11
月、1995年11月に採水した。その結果を平均順位でみると、中ほどの
波高島での値が最高値となりその下流側、上流側で下がっている。個別
のイオン濃度でみると Na、K、NH_4、Cl、NO_3 で、釜無川の信濃境から
市川大門まで徐々に濃度は増加し、富士川の波高島で最も高くなりそれ
以降下流にて減少する。波高島での濃度の増加は市川大門で合流する笛
吹川によるようだ。笛吹川は甲府市を流域とする河川で、NH_4、NO_3 な

どの濃度が高く、生活排水による影響を強く受けていよう。韮崎は甲府盆地の入り口に、そして波高島は甲府盆地の出口に当たる。すなわち甲府盆地内を流れる間に、滞留する地下水などの盆地内水を取り込んで市川大門まで平均順位数を上げ、さらに都市排水をも入れた笛吹川が加わり、盆地の出口の波高島で平均順位数は最高となる。その後盆地を出た富士川は盆地外の流域からの水で希釈され、内船、芝川へと平均順位を下げたと解釈できる。なお、釜無川と笛吹川の合流時の水量と水質の関係は両河川の水量が同じならば笛吹川の水質寄与は釜無川の1.5倍となり、合流前後の水質の関係からは釜無川の水量は笛吹川の1.5倍となるとした。すなわち水量は釜無川が、水質は笛吹川が大きく担い、合流して富士川として下流す

写真7-5　富士川東側河口沿いの海岸にて富士川河口側、駿河湾の海、東側海岸（写真上から順に）

るようだ。

　富士川を12:05に離れた。途中、国道１号（沼津バイパス）では左手に富士山と愛鷹山とが姿と位置関係を変えて眺められ楽しめた。ヒヤッとしたこともあった。前の車が信号で止まり、あわや追突かと思ったが、ホンダセンシングが見事に働き難を逃れた。

狩野川

　狩野川西岸河口の静岡県沼津市沼津魚市場近くの路上に12:58駐車した。祭日でもあり、お土産屋や食事処の多い魚市場付近はコロナ禍中でも人車が多く、駐車に苦労した。ジャックを車に残し、急いで狩野川の護岸に上がり狩野川河口を観察した。風が強く波は海側から川上に向いていた。対岸は家並みなども見えた。そして下流側の川筋は駿河湾に入った（写真7-6）。

　次に、狩野川西岸を離れ、港大橋で狩野川を渡っ

写真7-6　狩野川　西側河口近くの護岸にて上流側（写真上）、対岸（写真中）と下流側（写真下）　川面は風で波立ち、対岸、下流側で島上寺先の駿河湾越しに伊豆半島が見える

て13:17車を止めた。狩野川河口東岸の護岸を下流側に歩いた。対岸には先ほど訪れた沼津魚市場の建物が確認でき、そして西に大きく曲がる狩野川の先に海が見えた（写真7-7）。

　狩野川は静岡県伊豆市の赤城山系が水源で、太平洋側では珍しく南から北に流れて沼津市で駿河湾に流れ出る、流路延長46 km、流域面積852 km²の河川だ。不思議な河川が狩野川水系にはある。柿田川だが、かつて狩野川の徳倉橋（清水町）で採水した折に柿田川を訪れた。かなりの水量の河川で、その上流側を見ようと道を辿ったが上流側に河川がない。上流の無い河川だった。柿田川の水源は富士山からの地下水で、湧水となって1日100万 m³の清水が、僅か1.1 kmほどを流れて狩野川に合流していたのだ。

写真7-7　狩野川　東側河口近くの護岸にて上流側（港大橋と富士山）（写真上）、下流側（写真中）、下流側拡大（河口部先駿河湾）（写真下）

狩野川を13:57離れた。

旅終盤の高速道は渋滞だったが、16:46板橋区成増に戻った。

風は強かったが一日中暖かく晴れ渡った快適な旅だった。

> 所要時間　8時間19分
> 走行距離　350km

河川河口への旅8　大井川、天竜川、豊川、木曽川

■2021年3月14日㈰〜3月15日㈪

□初日　3月14日㈰

　快晴早朝6:22にジャックとFITで大井川、天竜川、豊川と木曽川に向けて板橋区成増を出発した。スムーズに車は進んで高速道に入ると、いきなり真正面の青空に白く輝く富士山が現れた。その景色に久々にさわやかなそして新鮮な気分となった。この2月23日に狩野川と富士川の河口を訪れたが、そのルートをさらに西に進む旅である。

　8:40鮎沢PAから富士山を見た（写真8-1）。

写真8-1　東名高速鮎沢PAからの富士山

大井川

　大井川は静岡県焼津市

写真8-2　大井川　大平橋上流800m東岸

飯淵大平橋上流800m程
の東岸で路上駐車して観
察した（写真8-2）。大井
川の川岸まで枯れた藪地
を踏み越え、そこで上流
から河口に向け写真を
撮った（写真8-3）。河口
側に見える橋は大平橋で
ある。上流側と河口側
を拡大して示す（写真
8-4）。風が強く吹いた。

　大井川の流域は静岡
県内に収まり、流路長
168kmに対し流域面積
は1280km²となり、そ
の比率7.6km²/kmは『理
科年表』での日本の主
な52河川の中で那珂川
（7.0km²/km）に次いで
2番目に小さい。なお先
に訪れた夷隅川はその値
は実に4.44km²/kmと更
に一層小さい。大井川の
流れは焼津市大井川と榛
原郡吉田町の境界から駿
河湾そして太平洋に出
る。

　かつて2003年8月19
日に河口から直線距離
で北西43km程とさして

写真8-3　大井川　左岸焼津市飯淵の河岸にて
　　　　上流側（写真上）、対岸（写真中）、
　　　　河口側（写真下）。河口側に架かる
　　　　橋は大平橋

写真8-4　大井川　写真8-3の拡大写真。上流側（写真左）と下流側（写真右）。河口側に架かる橋は大平橋

離れていない畑薙第二ダムで採水した。Cl濃度はこれまでに調査した主要河川の中でも極めて低く、Na濃度はNa/Clとすると極めて高かった。その特異性は海からの影響を弱める地形的なこと、そしてNa成分を多く溶出する地質的なことと関係すると思われる。畑薙第二ダムサイト近くの赤石温泉はアルカリ性温泉でぬるぬる感があり、成分表によるとNa 186.3 mg/kg、Cl 164.7 mg/kgだが、支流寸又川の寸又峡温泉では実にNa 198.1mg/kg、Cl 13.0 mg/kgとなる。なおその畑薙第二ダムの赤石温泉近くで口から尾が見える何かを飲んだばかりの膨らみ変形した蛇に出会った。ツチノコ（土の子）に出会えたかと思い写真にした（写真8-5）。その時の大井川上流へは急坂を登る特殊鉄道であるアプト式の大井川鐡道を利用した。だが、運航表の見誤りで接岨峡温泉から先に進めず途方に暮れた。改札の方がワゴン車を出してくれ、途中「今年は遅霜で茶が不作です。シイタケが不作の時は茶が不作と言われるがその通りだった。ロッジの方では熊が出るようになり、猪は餌付けをして狩り

をする。猿はシイタケの柄の部分を食べてしまう。当地の観光客は最盛期（1994年120万人？）の半分で、宿泊客に数日山菜を出すと『ウサギじゃないよ』と言われてしまう。」など語ってくれたと野帳にあった。

10:11次の目的地の天竜川河口へと大井川を離れた。

天竜川

天竜川河口に向かい、11:18静岡県磐田市竜洋海洋公園のリバーサイドテニスコートに着いた。天竜川の東岸堤防に出て河口側から上流側に向けて写真を撮った（写真8-6）。リバーサイドテニスコート近くには発電用風車があった（写真8-7）。

天竜川の流路213kmは本邦9位、流域面積5090km²は12位であ

写真8-5　ツチノコ（土の子）？　大井川　畑薙第二ダムサイト近く

る。水源は本州中央部の諏訪湖で、流れは浜松市の東で遠州灘から太平洋に出る。諏訪湖は八ヶ岳から火山性成分を、また湖周辺の盛んな人の活動からの人為成分を受け入れて陰陽イオン濃度は高い。下流すると伊那、天竜峡、中部天竜で順次自然味豊かな支流からの流入水による希釈効果が働きその濃度は下がるが、西鹿島まで下流すると下がり止まるようだ。このように天竜川は下流するに従いイオン濃度が下がる珍しい河川である。2003年8月25日の上諏訪駅近くの諏訪湖と辰野町清水橋から見た天竜川を写真で示した（写真8-8）。

　11:42に豊川河口に向け天竜川を離れた。

　途中の浜名バイパスから遠州灘の海辺は防波堤に隠れていたが、

写真8-6　天竜川　竜洋海洋公園東岸堤防から河口側（前頁写真中）、対岸（前頁写真下）、上流側（写真上）

写真8-7　天竜川　竜洋海洋公園天竜川左岸にある発電用風車

やっと浜名湖西端新居弁天IC近くでその砂浜が見えた。貴重な眺めだった。ドライブレコーダーに記録されたその時を示した（写真8-9）。

豊川

　豊川河口は12：53到着した。場所は豊橋市清須町で、渡津橋下流の豊川北岸にある清須河川敷広場駐車場に、トイレがあることはグーグルマップで予め確認した。川岸に出て豊川を河口方向から上流側に向け写真を撮った（写真8-10）。豊川の河口側には豊浜バイパスが、上流側には渡津橋が見える。

　豊川は、愛知県東部を流れて三河湾に出る、流路延長77km、流域面積724km^{2}の河川だ。

　1998年5月23日に

写真8-8　諏訪湖　上諏訪駅近く（前頁写真下）、天竜川　辰野町清水橋にて上流側（写真上）、下流側（写真中）2003.8.25撮影

写真8-9　浜名湖西端新居弁天IC近くの砂浜。ドライブレコーダーで記録

豊川支流で愛知県の旧南設楽郡の東部を流域とする宇連川を三河川合と

写真8-10　豊川　渡津橋下流清須河川敷広場
　　　　　前の川岸から　河口側（写真上）、
　　　　　対岸（写真中）、上流側（写真下）

本長篠で、合流後の豊川は豊川市の江島橋で採水した。分析の結果、河川水中のイオン濃度は全て下流に連れ増加していた。鳳来湖の宇連ダムを上流とする宇連川は豊川の水質を特に変えることなく流れ入るようだ。

13:20に豊川を離れた。

当日の宿となる愛知県美浜町「かんぽの宿知多美浜」には15:30到着した。

「かんぽの宿知多美浜」は海辺に近くペットと泊まれる宿だ。コロナ禍中で客は少なく、2階にあった露天ぶろ付き温泉湯でゆっくりとくつろげた。

□二日目　3月15日㈪

宿「かんぽの宿知多美浜」を8:30に出た。知多半島南部豊浜に寄り道し、この露頭岩石にはきっと沸石のクリノプチロライトが含まれているだろう（写真8-11）などと思いながら、木曽川に向かった。

木曽川

木曽川は10:06三重県木曽岬町木曽川大橋で東から渡り、より河口部を伊勢湾岸自動車道にて西側から10:21渡り返した（写真8-12）。実は桑名市長島町福吉で車を止め、木曽川と揖斐川を観察する予定だったが、停車予定地をスルーしてしまった。揖斐川の訪問はあきらめることにした。疲れで対応力が欠けたようだ。

木曽川は長良川さらに揖斐川と河口を同じくして太平洋に開く伊勢湾にその流れを

写真8-11　知多半島南部の豊浜、崖の露頭

注いでいる。木曽川水系全体の流域面積は9,100 km²と本邦第5位、幹川流路延長229 kmと本邦第8位となる河川である。揖斐川、長良川流域を除いた木曽川の流域面積は5,275 km²である。木曽川支流の飛騨川は流域面積2159 km²、幹川流路延長140 kmで、岐阜県可児市川合にて木曽川に合流する。飛騨川が合流する木曽川上流の流域面積は3116 km²となる。

写真8-12　木曽川　木曽大橋を東から（写真上）、そして伊勢湾岸自動車道で西側から（写真下）

　かつて1997年5月27日、2003年8月25日、2003年11月5～6日、2005年9月1～2日の4回、長野県木曽町福島の廣胖橋、長野県大桑村の大桑橋、岐阜県中津川市坂下の彌栄橋、それと飛騨川との合流点近くの岐阜県可児市川合の川合大橋の4カ所で採水した。木曽川は木曽福島から大桑の間でNO_3を除く陰陽イオンで濃度の様子が大きく変わった。4回の採水時期の平均を取って各成分の下流に伴う変化をみると、Caと Mgは木曽福島で最も高く下流につれ減ずるが、SO_4、Na、Cl、NO_3は木曽福島から大桑で減じその後可児市川合で最高になるように増加に転じている。KとNH_4は逆に大桑で最も濃度が高い。このように大桑が河川組成の変曲点となっていた。木曽福島 ― 大桑間で支流王滝川が合流する。王滝川は飛騨川より上流の木曽川で最も流域面積の広い支流であり、王滝川の水質が木曽川に影響を及ぼしたことが解る。Ca以外の成分は大桑から坂下そして可児市川合へと濃度が増すが、こ

の間で林野面積率の減少、耕地面積率の増加、人口密度の増加、工業の生産活動の増加があり人為的影響が坂下から美濃川合で増加に関係するとした。木曽川は2005年9月2日木曽町福島の廣胖橋から、そして飛騨川は2004年9月19日高山市久々野町の反保大橋から、それぞれ撮った写真を示した（写真8-13、写真8-14）。その日に支流王滝川で30分ほどの激しい夕立に見舞われた。難を避けた屋根から滴り落ちた雨水を分析すると pH 4.78、SO_4 1.13 ppm、NO_3 0.65 ppm となって、明らかな酸性雨だった。さて現在降る雨はどうだろうか。なお、木曽川の河口は三重県桑名市だが、流域は岐阜県、長野県にあり、岐阜県では飛騨川が、長野県では王滝川が最大流域の支流である。

　木曽川を離れ長野県

写真8-13　木曽川　長野県木曽町福島　廣胖橋から　上流側（写真上）、下流側（写真下）　2005.9.2撮影

写真8-14　飛騨川（木曽川支流）　岐阜県高山市久々野町久々野　反保（たんぼ）大橋から　上流側　2004.9.19撮影

写真8-15　恵那IC（写真上）、飯田IC近く（写真下）　白い山並みと強風でなびく白雲

写真8-16　駒ヶ根IC付近左手に雪山

写真8-17　梓川 SA から眺めた白い山の連なり（写真左）、SA の案内図（写真右）

　青木村に向かう途中、遠くに白い山並みが幾度か望められ気分を良くした。恵那 IC（11：45頃）と飯田 IC 近傍（12：40頃）での風景（写真8-15）と、駒ヶ根 IC 付近左手に見えた雪山（13：13頃）（写真8-16）も示す。前者では白い山並み上に強風でなびく白雲が見える。

　梓川 SA から眺めた雪山が連なる風景（14：05）は、SA に設置されていた案内図と見事に一致していた（写真8-17）。

　青木村には15：34に到着した。

> 初日　所要時間　8時間35分　走行距離　396 km
> 二日目　所要時間　7時間4分　走行距離　401 km
> 二日間合計は、所要時間　15時間39分、全走行距離　797 km となった。

河川河口への旅9　　黒部川、神通川、九頭竜川

■2021年4月9日㈮〜4月10日㈯
□初日　4月9日㈮
　黒部川、神通川、九頭竜川の河口に向け6：25の早朝にジャックと FIT で長野県青木村を出発した。途中道を間違えて少々回り道もしたが、ザ・ビッグ白馬店に8：20に着いた。朝食の仕入れとトイレと思ったが

まだ開店前だった。早い出発だったと思った。9:38にセブン－イレブン糸魚川大野店でおにぎり、サンドイッチとお茶を仕入れた。

北陸自動車道には9:46糸魚川ICから入り入善PAで10:08に下りた。だがETCゲートが開かず、車から降り検問装置に対応した。

黒部川

目的地とした黒部川河口西岸にある富山県黒部市河口公園に10:27到着した。河口公園前の黒部川は礫の河原だった。その河原から見た黒部川の上流、対岸、そして下流側を写真で示す（写真9-1）。上流側の橋は下黒部橋であり、その先には飛騨の山々がまだ白く連なっている。下流側では河口の先に富

写真9-1　黒部川　河口西岸の河口公園河原から上流側（写真上）、対岸（写真中）、河口側（写真下）

山湾を越えて能登半島の大地がかすかに見える。

　黒部川は、富山県東部を黒部渓谷となり流れる、幹川流路延長85km、流域面積667km²の河川で、黒部市入善町にて日本海に流れ出る。上流域は地形が急峻でかつ地質が比較的新しく土砂流出が激しい。

　かつて2006年5月30日黒部川の上流となる黒部市宇奈月町下立の愛本橋からアユ（鮎）を放流する場に偶然出会った。水面まで17.5mある橋上の小型タンク車から長い透明ポリ管でタンク水と一緒にアユの稚魚が一気に川面に放たれていた。ポリ管は川面まで届かず途中からアユは水と別れ散り散りに激流の黒部川に散っていった（写真9-2）。自然と人の営みとの出会い、今も思い出せる。アユが飛び込んだ激流の黒部川を宇奈月町欅平の奥鐘橋からの写真で示した（写真9-3）。

　10:56黒部川河口を離れて神通川河口に向け出発した。

写真9-2　黒部川　宇奈月町愛本橋から鮎の放流　2006.5.30撮影

写真9-3　黒部川　宇奈月町欅平の奥鐘橋から　上流側（合流する支流）、下流側　2006.5.31撮影

神通川

12:07富山市の神通川東岸河口の最先端部に車を止めた。近くには北陸電力の富山火力発電所があり、付近一帯は北陸電力関係の施設や運動公園となり、川辺に向けては畑地が連なっている。東岸河口部から撮った上流側、対岸、河口を写真で示す（写真9-4）。上流側の橋は萩浦橋である。対岸の先は富山港であり、神通川河口は富山湾に開き日本海に続く。

神通川は上流では宮川と呼ばれ、富山市細入村猪谷にて高原川と合流し神通川となる。富山市にて富山湾に入り日本海に繋がる。その流域面積は2720km²、幹川流路延長は120kmである。かつて1996年11月13〜14日、1997年 5月26日、2003年 8月

写真9-4　神通川　河口東岸から　上流側（写真上）、対岸（写真中）、河口側（写真下）

29日、2004年9月18日に上流より下流に宮川で岐阜県高山市中橋、高山市国府町新広瀬橋、岐阜県飛騨市宮川町西忍橋で、そして神通川で富山県富山市細入村猪谷の神峡橋と富山市大沢野町笹津橋にて採水した。採水地点猪谷は宮川に高原川が合流する地点の1.5 km 下流に当たり、また神通川の神通川第一ダムの貯留湖の上流部となる。高原川は宮川・神通川で最も大きな支流で上流には神岡鉱山、また焼岳（2455 m）・十石山（2525 m）の東山麓となる奥飛騨温泉郷がある。河川水の分析結果で、西忍橋から猪谷で多くの成分濃度が高くなった。高原川と宮川との水質を比較検討してみたいところである。猪谷の下流の笹津橋で濃度が下がる。その間に特に大きな支流などの合流は無く、笹津橋は猪谷から神通川第二ダムを通り、第三ダムの貯留ダム水の中ほどに位置し、笹津橋での採水はダム水となる。そこで猪谷から笹津橋の水質変化はダムによる貯留水の違いであり、貯留水では降水による希釈が大きく働き、その結果笹津で濃度が下がると解釈できるとした。採水時の神通川を、宮川は高山市の観光市街地にある赤い橋の中橋から2003年8月29日に、そして神通川は神通川第一ダムのダム水で満ちていた富山市猪谷の神峡橋から2004年9月18日にそれぞれに見た様子を写真で示した（写真9-5）。

12:29神通川を離れ次の目的地、九頭竜川河口に向けて出発した。

九頭竜川

14:56九頭竜川河口右岸にある福井県三国町三国港駅（えちぜん鉄道）に到着した。河口近くの東側から合流する竹田川の右岸から河口までの九頭竜川右岸は船着き場となる。その先の海に突堤が突き出る。駅前の三国港船着き場から九頭竜川の上流、対岸、河口部を写真で撮った（写真9-6）。上流側右岸の船着き場に船が、そしてはるか先に新保橋が見える。対岸には北陸電力の福井火力発電所の煙突が見える。また河口部では右岸の先に河口を狭めるように三国突堤が長く正面に見える。

三国サンセットビーチに出て一時日本海を眺めた。ビーチから九頭竜川側を見ると三国突堤の先に九頭竜川河口、さらにその先に高

写真9-5　宮川　高山市中橋から上流側と下流
　　　　側（2003.8.29撮影）（写真上2枚）、神
　　　　通川　富山市猪谷の神峡橋から上流側
　　　　（2004.9.18撮影）（写真下）

写真9-6　九頭竜川　右岸河口の三国港駅駅前
　　　　の三国港船着き場から　上流側（写真
　　　　上）、対岸（写真中）、河口側（写真下）

須山（437m）、国見岳（656m）、大芝山（455m）などからなる福井市日本海側山塊が淡く見える（写真9-7）。

九頭竜川は福井県を流れる河川で、水源地は大野市東市布の岐阜県境の油坂峠である。流路延長距離は116kmであり、流域面積2930km²は福井県の面積の70%に当たる。

写真9-7　九頭竜川　三国サンセットビーチからの眺め　日本海のビーチ、三国突堤、九頭竜川、福井市山塊

かつて、九頭竜川の採水を上流より福井県大野郡和泉村角野・角野橋、大野市下唯野・龍仙橋（下唯野）、勝山市遅羽町下荒井・下荒井橋、勝山市千代田・勝山橋、吉田郡松岡町薬師・五松橋、福井市中角・中角橋の計6カ所で、2001年5月27〜28日、2001年11月18日、2002年10月13日に行った。九頭竜川では採水地点、採水季節によらずCa≫SO₄、Cl、Na≫Mg、NO₃、K、NH₄という濃度順位が認められた。上流から下流に向けて濃度は増加する傾向にある。下荒井橋で河川を横断する採水位置により水質が大きく変わる。その原因は大野盆地を流域とする支流の真名川、清滝川、赤根川からの流入水が完全に混合していないためである。2001年5月28日の和泉村角野橋から見た九頭竜川は水量が少なく角礫からの礫床で、周りぐるりと新緑だった（写真9-8）。水量が少なかったのはその上流側2km弱に鷲ダム、続いて九頭竜ダムがあり九頭竜湖として貯水されることによるのだろうか。

15：15に九頭竜川を離れた。

宿泊する福井市西二ツ屋町の白浜荘に15：35着いた。

白浜荘は三里浜の浜に面していた。

この日の行程は所要時間9時間10分、走行距離は371kmとなった。

写真9-8　九頭竜川　和泉村角野橋から　上
流側（写真上）、下流側（写真下）
2001.5.28撮影

□二日目　4月10日㈯
　白浜荘を8:40に出た。
　九頭竜川東岸河口の九頭竜川ボートパークに寄った（8:52）。ここ
ボートパークはヨットなどの係留地である。ヨットは海からも九頭竜川
を見るわけだと思うと急に新鮮な気持ちが芽生え、川から海に、そして
海から川への思考を拡げたいなと思った。対岸には昨日寄った三国港船
着き場が見えた（写真9-9）。
　九頭竜川河口部を9:09に離れて青木に向かった。
　途中、北潟湖から離れてすぐの大聖寺川沿いに蓮如上人の記念館が

あった（写真9-10）。
蓮如上人は加賀吉崎に
移り親鸞の教えに尽く
した、本願寺中興の祖
と言われる室町時代の
僧である。また、神通
川の上流高原川沿い
に神岡鉱業があった
（写真9-11）。かつて
（1960年）神岡鉱山の
浮遊選鉱を見学したこ
とを思い出した。現在
神岡鉱山の跡地下は
カミオカンデとなり、
ニュートリノを世界で
初検出し、2002年に
小柴昌俊氏はノーベル
物理学賞を受賞した。
道の駅奥飛騨温泉郷近
くで北アルプスの白く
輝く山並みを見た（写
真9-12）。
　長野県青木村に16:
16に着いた。
　この日は所要時間7
時間36分、走行距離
332kmだった。
　二日間の合計では所
要時間16時間46分、
走 行 距 離703kmと

写真9-9　九頭竜川　東岸河口の九頭竜川ボート
　パークから見た九頭竜川河口部

写真9-10　蓮如上人の記念館　大聖寺川沿い

写真9-11　神岡鉱業　神通川上流支流高原川沿い

写真9-12　道の駅奥飛騨温泉郷近く　北アルプスの白い山並み

なった。

河川河口への旅10　阿賀野川、信濃川、阿武隈川支流荒川、三面川

■2021年4月26日㈪～4月27日㈫

□初日　4月26日㈪

　阿賀野川の河口に向け板橋区成増を6:54、肌寒い11℃の中ジャックとFITで出発した。途中、同行予定の妻が不参加となった旨宿泊先に伝えるべく9:25関越道大和PA（下り）に立ち寄った。PA前の八海山は雪景色で朝の光に明るかった、その奥の越後駒ヶ岳はもっと白く輝いているはずだが残念にも上部が雲に隠れていた（写真10-1）。

阿賀野川

11:06阿賀野川の河口近くの新潟市松浜橋を渡って直ぐの川岸に車を止めた。その場所からの阿賀野川の上流側、対岸、そして下流の河口側の様子を写真で示した（写真10-2）。下流側の橋が松浜橋で、その橋の右下に日

写真10-1　関越道大和PA（下り）からの八海山

本海か白く微かに見えるようだが確かではない。地図で見るとこの付近で川の流れ幅は700mほど、対岸の道路まで900mほどあり、さすが流域面積7710km²本邦8位、流路長210kmの河川だと思った。

　阿賀野川の源流は福島県会津町と栃木県日光市の境界にある荒海山（1581m）にあり、会津盆地を通り、只見川や猪苗代湖の水などを合流して新潟平野から新潟市松浜で日本海に流れ出る。阿賀野川河口の西7kmに信濃川の河口がある。阿賀野川の上流部は阿賀川と呼ばれ福島県喜多方市山都町で只見川と合流し、新潟県に入って阿賀野川の名に変わる。

　かつて2006年6月1〜3日に阿賀野川・阿賀川の採水地点は上流側から福島県喜多方市山都町字大山中（山都橋）、新潟県東蒲原郡阿賀町鹿瀬（鹿瀬大橋）、新潟県新潟市秋葉区中新田（阿賀浦橋）の3カ所、只見川については上流から福島県南会津郡只見町大字只見（常盤橋）、福島県大沼郡金山町大字川口（上井草橋）、福島県河沼郡柳津町大字柳津（観月橋）、福島県喜多方市高郷町川井（川井橋）の4カ所で採水した。その分析結果、阿賀川と只見川の水質を比べると明らかに阿賀川でイオン濃度は高かった。阿賀川は現在活動中の活火山磐梯山を背後とする猪苗代湖、また会津若松市が流域内にあり、火山活動による大地の成分と人為的に排出される成分が河川水に加わることが大きな要因だろ

写真10-2　阿賀野川　松浜橋近くの川岸から　上流側、対岸、下流側（写真左3枚）、それらの拡大（写真右3枚）

う。一方の只見川はイオン濃度が極めて低い。河川水の大元は降水すなわち自然における蒸留水だとすると、只見川の河川水は日本を代表する河川水の原水の1つだろう。河口訪問12で訪れる閉伊川もイオン濃度が極めて低い河川水である。阿賀川の河川水は只見川が合流し混ざって阿賀野川の河川水となる。そこで阿賀川そして阿賀野川の流れは上流側で濃度が高く途中で只見川による希釈により濃度が減じ、その後越後平野に出、更に日本海に近づき濃度が高くなるとした。採水時に見た喜多方市山都橋からの阿賀川と、只見町常盤橋からの只見川を写真で示した（写真10-3a, b）。

信濃川

　新潟市万代島駐車場に11:32車を止めた。その先を信濃川は流れている。信濃川の流路長

写真10-3a　阿賀野川・阿賀川　喜多方市
山都橋　下流側　2006.6.3撮影

写真10-3b　阿賀野川支流只見川　只見町常
盤橋から　上流部（写真上）、下
流側（写真下）　2006.6.3撮影

は 365 km で本邦 1 位、流域面積は 11900 km² と本邦 3 位の大河だ。河口より 40 km ほど上流の関屋分水路で分流され、この付近の信濃川の川幅は 200 m ほどと意外に狭く水路の感さえあった。柳都大橋袂の川岸から信濃川を観察した。そこから見た上流側、対岸、そして下流側を写真で示した（写真 10-4）。両岸に大きなビルなど建ち並び、信濃川は都会の真っ只中を通って海に流れ出ていることが解る。柳都大橋より上流側で次の万代橋まで川面は開けて見えた。一方下流側では多くの小型船、帆船が係留され、さらに河口部では大型船も見られた。大型船の間に日本海が開けて見えた。信濃川の右岸は柳都大橋より河口まで船着き場だ。

　さて、ここでかつて

写真 10-4　信濃川　柳都大橋近くの川岸から
　　　　　上流側（写真上）、対岸（写真中）、
　　　　　下流側（写真下）

信濃川について自然と社会とから見た水質として考察し、次のように表現したことがある（文理シナジー学会、2007年5月18日）。

「自然には幾重にも及ぶ階層構造があり、かつそれらが有機的なつながりをもっていると強く意識する。人為的行為をも自然事象とすれば二次的自然は当然、さらには都会の構造をも自然は有機的階層構造となす。

河川は自然の時空に広がる階層構造のなかにあって、流域の地勢と人の暮らしを河川水の水質に移して、自然の階層構造間を有機的につなぐ1つの象徴的存在として自然にある。

さて、河川は水の大循環の中にあって陸上への降水が高所より低所そして海に至る場にある。水質はその過程での溶解成分で形成され、その流入が下流、中流、そして上流で顕著であれば、河川水の水質はそれぞれ下流で、中流で、そして上流で濃いことになる。実際の水質はさまざまな成分からなり、それらはさまざまな流入過程をもつ。このような河川として、具体的に千曲川・信濃川の場合について、その流域にみる自然と社会を次の図を基に考察したい。

千曲川は長野県の中・北部地域を広く流域とし、その分水嶺は県境となり、そこに火山が八ヶ岳（山梨県）、浅間山（群馬県）、焼岳（岐阜県）、黒姫山（新潟県）など存在する。千曲川の最上流域は群馬県・埼玉県・山梨県との県境となり、降水は花崗岩類上を川上に向け流れる。川上から中込流域の林野面積は80％を超え自然味が濃い。だが耕地9％と最高値となる上田・屋代の12％に比べ極端に低くはなくレタス作付けが思われる。川上での人口密度は0.23人/haで最高密度となる飯山の1/10である。中込まで人口密度と生産活動は少ない。川上から飯山までの水質を平均順位数で見ると、小海と小諸で突出して高い。小海では八ヶ岳・蓼科山、小諸では浅間山からの成分が活火山因子として寄与したようだ。上田から飯山にかけて人口密度と工業活動（290倍）が高まり人的活動による成分が付加され、またこの地域が日本有数の少降水量地帯であって降水による希釈効果が弱いことは、この地域の河川水の平均順位数を高いままにする。

千曲川は新潟県に入り信濃川と名を変える。この流域は豪雪地帯とな

る．『平成18年豪雪』と命名された調査をした4月末は上信越の山々は白く雪で輝いていた．積雪は貯水に等しく上信越の深い山々からの供水は信濃川の水質を希釈する．津南から小千谷にかけて平均順位数が減少するのはこの融雪水などに起因しよう．水量豊かな信濃川は新潟平野に出て穀倉地帯を通り，人口密度の高まりと都市市街地化，工業活動の増大に加え日本海の海水の影響化をうけても，新潟で平均順位数の極度の増大はみられず，自然味豊かな河川である．

　千曲川・信濃川はこのように自然の階層構造を水質に反映した河川として理解される．

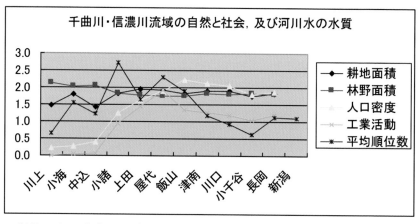

　　単位：人口密度　人/ha，耕地面積　1/10（％），林野面積1/40（％），工業活動　製造品出荷額（百万円）/ha/3，平均順位数　6成分（1/5）」

　12時35分信濃川を離れ、義父が育った加茂市を経由し、上越新幹線燕三条駅近くにて給油して弥彦神社に立ち寄った。弥彦神社のある山地は海に浮かぶ島のように平地から急に盛り上がる印象的な地勢だ。

　その日の宿、新潟県弥彦村の上州苑に15:35到着した。

　この日の行程は所要時間8時間45分、走行距離396kmだった。

□二日目　4月27日㈫

　上州苑を8時24分に発ち、胎内市と村上市を分かつ荒川の河口に向かった。

途中で車を止めた国道 7 号新新バイパスにある道の駅豊栄は日本で初めて（1988 年 11 月 10 日）一般道に設置されたパーキングエリアのようで、道の駅の発祥の地の石碑があった（写真 10-5）。

写真 10-5　道の駅豊栄、道の駅発祥の地碑

荒川（新潟県、羽越）

荒川での観察目的地を河口近くの新潟県胎内市から旭橋を渡って直ぐの右岸川岸とした。10:22 に着いた。河岸から見た荒川の上流側、対岸そして河口側を写真で示した（写真 10-6）。河口側の橋が旭橋である。この付近の川幅は 150 m ほどで、流れは旭橋の先で日本海に出る。

荒川（羽越）は流路延長 73 km、流域面積 1,150 km² の山形県および新潟県を流れる河川である。山形県大朝日岳（標高 1,870 m）を水源として新潟県沿いの南西に流れるが、小国盆地で西に変え、飯豊山地から横川、玉川など支流の水を加えて新潟県に入って越後平野の北側を流れて新潟県胎内市と村上市とを境に日本海に流れ出ている。

かつて荒川に 1990 年 4 月 28 ～ 30 日、7 月 19 ～ 21 日、10 月 5 ～ 7 日、12 月 21 ～ 23 日に訪れ上流から下流側に羽前沼沢（横川）、小国、越後下関、坂町で採水した。その水質データを用いて平均順位数を求めた結果、羽前沼沢、小国、越後下関と平均順位数は順に下がったが坂町でその値は上がった。だが羽前沼沢を超えることはなく、荒川はパターン 3L を示した。羽前沼沢（横川）の上流部では緑色凝灰岩が分布し溶解しやすい地質であり、また針葉樹林帯となり SO_4 濃度が高いなどでイオン濃度の高い河川水が、飯豊山を水源とする支流などの流入で越後下関に向けて希釈された。越後下関は温泉地であり温泉水の混入、新潟平野北部へ出たことでの人為的な影響、地下水の関与などで下流の坂町で平

写真10-6
荒川（新潟県）　旭橋近くの右岸か
ら　上流側、対岸、下流側対岸、河
口側への連続写真４枚

均順位数が上がったと解
釈した。

三面川

三面川左岸の河口近く
の新潟県村上市鮭公園
に10:38到着した。そこ
に鮭博物館があった（写
真10-7）。三面川と鮭は、
多くの日本人、特に高齢
者にとって結び付くだろ
う。日本では、いわゆる
戦後の高度経済成長期に
環境破壊が進み、公害問
題、酸性雨、水質汚濁な
どが各地で発生し、また
堰やダムなども多く設け
られ、多くの河川で鮭の
遡上が確認できなくなっ
てしまった。しかし三面
川ではまだ鮭が遡上する
と、テレビ、新聞などで
盛んに報道されていたと
記憶する。

　鮭博物館を拝覧後、三
面川中州公園から川岸に
出た。そこから見た三面
川の上流側と下流側の様
子を写真で示した（写真
10-8）。対岸の山の新緑

写真10-7　鮭博物館　三面川河口近くの村上
　　　　　市鮭公園

写真10-8　三面川　中州公園の川岸から　上
　　　　　流側（写真上）、下流側（写真下）

は晴れた青空の下に淡く明るかった。この付近の川幅は80mほどである。

　三面川は新潟県村上市にある。日本海と長く面する新潟県の北端部に位置して、山形県と接する、流域面積677km²、流路延長41kmの河川である。かつて1990年4月30日、7月21日、10月6日、12月25日に村上市瀬波橋で三面川の採水を行った。その結果いずれの季節でもpHは7以下となった。酸性雨が関係するかもとしたが、現在の様子はどうだろうか。イオン濃度を因子分析すると第一因子となる海水起源の影響が12月で高くなり海からの季節風が冬であることと整合した。このことは同時に採水した荒川（羽越）でも認められ、両河川は隣接することから理解できた。

　三面川を11:30に離れて、栃木県那須町に向かった。

　那須は17:03に無事到着した。

　この日の行程は所要時間8時間39分、走行距離は363kmだった。

　二日間の合計は所要時間17時間24分、走行距離759kmとなった。

河川河口への旅11　阿武隈川、旧北上川

■2021年6月9日(水)
　阿武隈川と旧北上川の河口に向けて栃木県那須町を7:20にジャックとFITで出発した。気温は17℃だった。

阿武隈川

　阿武隈川河口近くの宮城県亘理町「鳥の海公園」に9:04到着した。この辺り一帯は2011年3月11日の津波で多大の被害を受けた。公園内の盛り土「避難の丘」あるいは「希望の丘」から河口付近の河川の流れを見ようとしたが、そこまでの高見はできなかった。ただ太平洋と阿武隈川の河口部そして対岸の波消しブロックとコンクリート堤防は見えた。阿武隈川までの異様にならされた地形も見渡せた（写真11-1）。

　次の目的地は阿武隈川右岸で亘理大橋上流の「桜づつみ公園」とし

た。「鳥の海公園」を
出て阿武隈川右岸の堤
防脇に車を止めて、堤
防に上がり阿武隈川を
眺めることができた
（写真11-2）。写真は上
流部から河口側にかけ
ての眺めで、上流側の
橋は亘理大橋であり、
河口側に人が数名乗っ
た小舟が見えた。

写真11-1　阿武隈川　河口近く「鳥の海公園」
　　　　　から　阿武隈川河口部

　この辺りは工事中の
所が多い。道を読み間違え車止めに行き当たったりした。堤防から阿武
隈川を写真に収められたので「桜づつみ公園」をパスして旧北上川に直
接向かうこととした。

　阿武隈川は、福島県西白河郡西郷村旭岳にその源を発し、大滝根川、
荒川、摺上川等の支川を合わせて、福島県中通り地方を北流し、阿武隈
渓谷の狭窄部を経て宮城県に入り、さらに白石川等の支川を合わせて太
平洋に注ぐ、幹川流路延長239km、流域面積5,400km²の一級河川です、
と国土交通省の日本の川の紹介にある。

　かつて、1991年11月23日に阿武隈川の白河市田町大橋、JR水郡線川
東駅前小作田橋そして福島市天神橋にて採水した。その結果は何れの
イオン濃度も白河市＜川東＜福島市となり下流に連れて増加していて、
パターン1Mだった。また福島市で阿武隈川に合流する支流の荒川で
も採水をしている。1998年11月10日に小富士橋（福島市荒井）から見
た荒川の水が白緑色に濁っていた（写真11-3）。このことについて荒川
の支流塩ノ川と須川の水質として、Caイオンの濃度変化とpH変化か
ら$CaCO_3$の沈殿生成がうかがえるとした。ところが、2000年10月5日
『朝日新聞』（夕刊）を見ていて、アルミニウム青き川　福島・須川合流
域水質の妙としての写真入りの記事があって大変驚いた。$CaCO_3$かアル

写真11-2

阿武隈川 「鳥の海公園」近くの阿
武隈川右岸の堤防にて　上流側から
河口側へ連続写真４枚。上流側の橋
は坦理大橋

68

写真11-3　荒川（阿武隈川支流）　小富士橋から
上流側　1998.11.10撮影

ミニウムが関係した水に溶けない粒状の物質かどうかその後確認はしていない。

旧北上川

　旧北上川河口の宮城県石巻市日和山公園近くの旧北上川右岸に車を止めて、堤防上から旧北上川の河口付近の様子を眺めた（写真11-4）。上流側の対岸は旧北上川の中州であり、下流側では現在建設中の橋とその先に日和大橋の一部が見える。なお中州に架かる橋は右岸側を「西中瀬橋」左岸側を「東中瀬橋」、そして日和大橋の手前の橋は「石巻かわみなと大橋」と、2020年10月に石巻市が復興の象徴として市民からの公募で決めたようだ。

　11:29に日和山公園に着いた。同公園はそれほど高所ではないが旧北上川の眺めは良い。上流側では旧北上川とその中州、そして河口側には建設中の「石巻かわみなと大橋」とその先の日和大橋が見えた（写真11-5）。

　次の目的地とした石巻南浜津波復興祈念公園に向かったが途中狭い道に入り込み車止めでバックするなど難儀した。石巻の3.11津波災害を思うとこの程度の難儀はかえってしみじみありがたいとさえ思えた。同公

写真11-4

旧北上川　右岸河口近くの日和山公
園付近の堤防にて　上流側から下流
側へ連続写真6枚

園はこの 3 月28日に開園した大きな公園で、築山斜面の芝はまだ張り付け模様だった。築山上では被災前後の様子も示されていた。駐車場近くでは旧門脇保育所の跡地が保存され、その場の被災前後の様子も展示されていた。少し先に旧北上川河口に架かる日和大橋のアーチ状橋が見えた。

北上川の支流江合川はこの旧北上川に流入している。江合川は流路長80 km、流域面積591.3 km²、宮城県大崎市荒雄岳（984 m）を水源とする。かつて江合川について上流側よ

写真11-5　旧北上川　河口右岸日和山公園にて中州が見える上流側（写真上）と日和大橋の見える河口側（写真下）

り大崎市鳴子温泉（鳴子大橋）、大崎市岩出山下野目（新岩出山大橋）と宮城県美里町北浦（中北橋）または美里町北浦（遠田橋）の 3 カ所で1991年 4 月27日、 8 月 3 日、10月 3 日と 3 回採水した。分析結果から鳴子から北浦へと河川水中のイオン濃度は NH_4 を除きいずれも増加していた。この間の平均順位数は下流に伴い増加するパターン1M となった。

12:28栃木県那須町への帰途についた。

自然の脅威は人に自然を隠す行為を強く促すようだと改めて思った。

帰途途中の東北自動車道菅生 PA でサクランボを探したがなく、代わりに「宮城　ずんだ＆あずき　ラングドシャ」を購入した。コーヒーに合うシャキシャキした軽い薄いビスケットで真ん中に小豆を混ぜたチョコレートが配されていた、札幌の「白い恋人」を思い出す物だった。

　安達太良 SA で、ドライブレコーダーチップの交換などした。

　那須町に 16:02 に着いた。

　所要時間 8 時間 42 分、走行距離 524 km だった。

<u>河川河口への旅12</u>　最上川、雄物川、米代川、十三湖、岩木川、閉伊川、北上川

■2022年 5 月18日㈬〜 5 月20日㈮
□初日　5 月18日㈬

　最初の訪問地最上川河口に向け12℃の栃木県那須町をジャックと FIT で出発した。那須 IC から東北自動車道に入り福島 JCT から東北中央自動車道に移った。その後山形 JCT にて山形自動車道に移り庄内空港 IC から日本海東北自動車道に進んだ。

最上川

　最上川河口近くの酒田市出羽大橋の先に鳥海山（2236 m）が白く輝いていた（写真12-1）。出羽大橋を渡って左手右岸河原の記念公園に11:24停車した。ここでは1992年 9 月の第47回国体夏季大会で漕艇競技が行われたようだ。

　大橋近くの堤防からは河原も含めて最上川が確認できるが（写真12-2）、河原に下り

写真12-1　最上川　出羽大橋の先に鳥海山

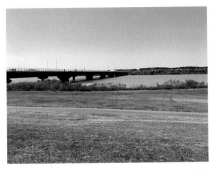

写真12-2

最上川　出羽大橋近くの堤防にて
上流側（出羽大橋）から河口側へ連
続写真４枚

写真12-3
最上川　出羽大橋近くの河原岸にて
上流側（出羽大橋）から河口側へ連
続写真5枚

岸からは最上川の川面は幅広く対岸を含めた一体としての川が意識でき
ず、最上川は捉えどころなく漠としていた（写真12-3）。川ではなく河
なのである。

　最上川は山形県の8割を流域とする幹川流路延長232km、流域面積
7040km²の河川であり、酒田市で日本海に流れ出る。かつて2003年8
月13〜14日と2004年8月1日に最上川の採水を上流側の米沢市相生橋
から下流側の最上郡戸沢村古口乗船所にかけて行った。2003年の採水
の4日前に台風10号が東北地方を通過した。両者の河川水を比較する
と2004年時の方が河川水中のイオン濃度が高く、水量は少なかった。

このことは2003年で
降水による希釈が考
えられる。さらに水
温は2003年の20.3〜
23.2℃に対し2004年で
25.2〜27.7℃と高く、
2004年で河川水へ岩
石・土壌・底土から無
機成分の溶出量が高く
なったようだ。2004
年8月1日の米沢市相
生橋からの最上川の様
子を写真で示した（写
真12-4）。

　11:49に記念公園か
ら次の訪問地秋田市の
雄物川河口に向かっ
た。

　12:07に日本海東北
自動車道の酒田みなと
ICを入り、さらに日

写真12-4　最上川　米沢市相生橋から　上流
側（写真上）、下流側（写真下）
2004.8.1撮影

写真12-5　鳥海山　にかほ市象潟町　道の駅象
潟から

本海を左手に北上し山形県から秋田県に入った。にかほ（仁賀保）市象
潟町の道の駅象潟からも鳥海山はさらに大きくあった（12:57、写真12-
5）。国道7号線（日本海東北自動車道）から秋田南バイパスを経由して
雄物川河口の雄物大橋に着いた。

雄物川

　秋田市雄物大橋は渡らずに左岸上流側道路で車を止めて雄物川と雄物
大橋を写真に収めた
（14:15、写真12-6）。
次に上流側に架かる雄
物新橋を渡って三角沼
公園に駐車した。雄物
川右岸からの川の眺め
を写真に収めた（写
真12-7）。ここから河
口にかけての雄物川
は、かつて雄物川放水
路と言われ山を切り開

写真12-6　雄物川　左岸から雄物大橋と河口側

写真12-7
雄物川　雄物新橋近くの右岸にて
上流側（橋は雄物新橋）から下流側
（雄物大橋）へ連続写真６枚

いた人工河川のようだ。その雄物川改修計画は秋田市の浸水被害を除去し、河口土崎港を改善するためで大正3（1914）年に成案、大正6年に事業開始、そして放水路の通水は昭和13（1938）年4月となるようだ。元の雄物川はこの三角沼公園辺り（雄物新橋と上流の秋田大橋間）から北に流れ現在の秋田運河を通って土崎湾に流れ出ていた。この改修工事は秋田市の地勢を大きく変え、秋田市は今もその影響を多く受けていよう。

　雄物川の水源は秋田県南東端の栗駒連峰で河口は秋田市となる全長133km、流域面積4710km²の河川であり、秋田県の南半分が流域となる。上流は山間地域、中流は横手盆地、玉川などが合流する狭窄（先行谷）部分、下流は秋田平野部分に大別され、3〜5月には奥羽山脈からの雪解け水が流量を多くする。

　かつて雄物川で上流より湯沢市清水町・文月橋、大曲市船場町・大曲橋、仙北郡西仙北町刈和野・刈和野橋下の3カ所で採水した。湯沢は上流の山間地域からの出口にあたり、大曲は横手盆地の西縁中央近くにあり、刈和野は玉川合流後の先行谷部分にある。2003年5月16日、10月10日、2004年8月2日に採水したが、この区間の雄物川は季節により水質が変わるようだった。5月では河川水が下流するに従って平均順位数が増加し、8月では逆に下流するにつれて平均順位数が下がり、そして10月では中間地点の大曲で平均順位が最大となり下流部で減じた。2003年10月10日、湯沢市辺りのリンゴは赤く黄色く実り、稲穂はほぼ刈り取られていた。文月橋の下を川幅5分の1ほどの流れとなって、小さな泡を浮かべて青白色がかって流れていた。その流れに向かい河原から石が積み出され、上には笹の葉が置かれ、重石のある青色ビニールで覆っていた。カニか何かを獲る仕掛けかと思ったがどうだったろうか（写真12-8）。

　15:05に雄物川を離れた。

　出発前に給油を宿手前でと思い予め Honda Total Care の My コースで FIT にセットしたが気が変わり素通りしたら、宿に着かずに給油所に戻る巡りに入ってしまった。FIT はこちらの気持ちまでは察知してくれな

写真12-8　雄物川　湯沢市清水町文月橋から
　　　　　上流側（写真上）と下流側（写真
　　　　　中）、それと橋下河原にある何かの仕
　　　　　掛け？（写真下）　2003.10.10撮影

かった。

　宿の秋田市河辺和田の外山旅館に着いたのは16:25となった。

　この日の所要時間は9時間3分、走行距離は460kmだった。

□ 二日目　5月19日㈭

　外山旅館を7:24に出発し米代川に向かった。

　旅館横の国道13号から秋田南ICで秋田自動車道に入り能代南ICで一般道に出た。

米代川

　米代川の河口を秋田県能代市能代大橋で渡った。橋近くに駐車し、右岸の堤防から米代川を観察した（写真12-9）。上流側に渡ってきた能代大橋、そして河口側に微かに日本海が見えた。

　米代川は秋田県北部を東から西に流れる全長136km、流域面積4100km²の河川である。水源は岩手県二戸郡安代町であり奥羽山脈の脊梁を横切り鹿角、大館、鷹巣の各盆地を通って出羽山地を横切って能代平野から日本海に流れ出る。かつて米代川上流の鹿角市湯瀬長者橋から下流側北秋田市鷹巣橋までの4地点で2003年5月17日、10月11日、2004年8月2日に採水し、溶存イオン濃度を調べたが、概ね下流に向けて増加していた。上流部の湯瀬には地名の如く湯瀬温泉があり、そこから下流すると大湯温泉、大滝温泉などが、また鹿角市と花輪盆地そして大館市と大館盆地があり、鷹巣橋までには溶存イオンを高める要因が順次加わる。そしてかつての活発な鉱山稼働も加味すると下流に伴いイオン濃度が増すことは容易に考えられる。このように湯瀬から鷹巣にかけては、イオン濃度を増加させる要因が随時加わり、下流に向かって平均順位数が増加する典型的なパターン1Mとなることが分かった。2003年10月11日に鹿角市稲村橋と湯瀬温泉長者橋から見た米代川を写真で示す（写真12-10）。

　今日の宿大館市雪沢温泉は長木川沿いにあるが、その長木川は立花で米代川に流入する支流下内川の二次支流である。

写真12-9
米代川　能代大橋近く右岸にて　上
流側（能代大橋）から河口側（微か
に日本海）へ連続写真4枚

写真12-10　米代川　湯瀬温泉長者橋からの上流側と下流側（写真左２枚）、鹿角市稲村橋から上流側と下流側（写真右２枚）　2003.10.11撮影

　9:03米代川を離れ、日本海沿いを次の十三湖の湖口に向け北上した。実は外山旅館の部屋鍵を返却し忘れ、八森いさりび温泉ハタハタ館にて10:04に郵送返却した。ほっとして、館で売れ筋という「チーズのオイル漬」の購入などした。
　五能線に沿って道は

写真12-11　しゃこちゃん広場　亀ヶ岡石器時代遺跡石像

北上した。かつて乗車した五能線から見た日本海沿いの風景がとても良かったと時々思い出すが、今回も良い眺めに多く出会えた。

　越水にて五能線沿いの大間越街道を離れ県道12号線に移り更に北上した。途中つがる市木造の吹原SSにて給油し、「亀ヶ岡石器時代遺跡」（しゃこちゃん広場）に車を止めた（写真12-11）。この地は遮光器土偶など出土し、縄文時代晩期（3200〜2400年前）には亀ヶ岡文化とされる暮らしがあったようだ。12:09にしゃこちゃん広場を離れ12号を更に北上した。日本海まで4kmほどだが、このあたりの津軽平野の風景は田園が奥深く彼方まで広がり低い山並みがはるか遠くに見えた。豊かさが感じられ、縄文の人たちの暮らしを思った。

十三湖と岩木川

　青森県市浦村の十三湖の湖口に12:34到達した。十三湖大橋手前の公園に下り（写真12-12）、十三湖大橋を渡らずに引き返し、再び十三湊を通って十三湖が河口湖となる岩木川に向かった。岩木川は津軽橋を渡った右岸の堤防から（12:53、写真12-13）と、その上流に架かる津軽令和大橋近くの右岸堤防からそれぞれ眺めた（13:11、写真12-14）。

　岩木川は秋田県境の白神山地に水源をもつ全長106km、流域面積2540km²の青森県第一の河川で、岩木山の砂泥を、津軽平野に運搬堆積し、十三湖から日本海に出る。

　かつて1991年に岩木川上流の弘前市平川橋で支流平川の清流と支流浅瀬石川の濁流が合流後も混ざらずに流れ下る様子や、リンゴが流れ来るのを見た。また2003年5月18日に見た岩木川は上流側

写真12-12　十三湖大橋手前の公園から見た十三湖と十三湖大橋（ドライブレコーダーの録画）

写真12-13

岩木川　津軽橋近く右岸の堤防から
上流側より下流側に連続写真5枚。
高低差無く川面は微かに

写真12-14
岩木川　津軽令和大橋近くの右岸堤
防から　上流側（津軽令和大橋）か
ら下側（津軽大橋、十三湖）へ連続
写真６枚

写真12-15　岩木川　弘前市岩木橋から下流側
　　　　　（写真上）、板柳町幡龍橋から下流側
　　　　　（写真中）、五所川原市乾橋から下流
　　　　　側（写真下）　2003.5.18撮影

写真12-16　岩木川　弘前市岩木橋の先に岩木山
2003.5.18撮影

　の弘前市岩木橋、板柳町蟠龍橋、そして下流側の五所川原市乾橋へと河
川の濁りが増した（写真12-15）。そして岩木橋の先に岩木山（1625 m）
はまだ白くあった（写真12-16）。
　津軽令和大橋を離れ、浪岡 IC から東北自動車道に入って小坂 IC にて
県道2号（樹海ライン）に出た。しばらく周囲は様々な新緑でにぎやか
に飾られ、まさしく樹海ラインだった。2号線の道沿いにこの日の宿大
館市雪沢の湯沢温泉大雪はあった。到着は15:52、気温21℃だった。
　宿の大雪は2009年4月に廃線した小坂鉄道（小坂製錬小坂線）の雪
沢温泉駅（1994年10月廃駅）前でもあった。線路は現在も残り、その
雪沢温泉駅跡地と米代川孫支流長木川に架かる鉄橋（写真12-17）を訪
れた。宿の温泉は木造りで広々としてよく、黒鉱探査ボーリング時に湧
出したという泉質は透明無臭で量も豊富だった。なお、大館市など北鹿
地方（秋田県内陸北部）は黒鉱資源の発見、採掘、精錬で、銅などの非
鉄金属に関わる活動が1959年（昭和34年小坂鉱山鉱床発見）ごろから
盛えたが、1994年（平成6年松峰・深沢の両鉱山閉山、同和鉱業）に
は衰退した。黒鉱は意外と短命だったのだと思うと同時に、鉱山会社に
就職した人たちは大変苦労したことだろうとも思った。
　五能線沿いの景色、岩木山、そして樹海ラインとこの日のドライブレ

写真12-17　廃線の小坂鉄道　旧雪沢温泉駅近く　廃線の駅跡（写真上）、廃線の線路にジャック（写真左）、廃線の鉄橋（写真右）

コーダーの録画が楽しみだった。だが何故かドライブレコーダーはこの日録画されなかった。十三湖の記録は一部衝撃でドライブレコーダーが作動する出来事として幸いにも記録されていた。

　この日の所要時間は8時間28分、走行距離は349kmとなった。

□三日目　5月20日㈮

7:02に宿湯沢温泉大雪を離れ、太平洋側に移動する、閉伊川と北上川の河口への旅に出た。

先ず小坂ICから東北縦貫自動車道に入った。途中の岩手山を岩手山SAから見た（8:

写真12-18　岩手山　東北縦貫自動車道岩手山SAから

34、写真12-18）。盛岡南ICから宮古盛岡横断道路に移り宮古市に向かい太平洋が河口の閉伊川に出る。

閉伊川

閉伊川河口は岩手県宮古市宮古橋に10:29到着した。宮古橋手前の上流側右岸道路で車を止め、宮古橋より上流100mのリアス線鉄橋近くで、上流側から下流側に閉伊川の様子を写真に収めた（写真12-19）。東日本大震災（2011年3月11日）の折、津波は宮古橋左岸側で越波し、橋桁に衝突した船が橋の上を通過したという。

リアス線鉄橋より1.3kmほど上流の小山田橋を渡って右折し、閉伊川左岸の河口にある「道の駅みやこ」に10:43停車した。近くの河岸から閉伊川河口の狭まった部位と宮古湾にかけてを眺めた（写真12-20）。

閉伊川は宮古市岩神山（1103m）を水源とし、流路延長88.2km、流域面積972.0km²で、宮古市で宮古湾に入り太平洋に出る河川である。

かつて閉伊川の水質調査を1991年4月29日、8月5日、11月1日に、上流から川内、戸草、川井、千徳で行った。その結果、閉伊川の河川水中の溶存イオン含量が他の河川に比べ極めて低いことを知った。その理由として水溜となる湖沼、ダムがない、流域は岩質が古い地層で硬く、険しい山地、人口と人の活動が少ない、比較的高緯度で標高も高く気温が低い、火山活動がない、海岸がリアス式海岸で海岸から急に標高

写真12-19

閉伊川　宮古橋近くの右岸から　上流側から河口側（リアス線鉄橋）へ連続写真4枚

写真12-20　閉伊川　河口左岸道の駅みやこ駐車
　　　　　　場近くから　上流側（河口閉塞部）
　　　　　　（写真上）、対岸（写真中）、河口側
　　　　　　（宮古湾とその先重森半島）（写真下）

が高くなる、また河川は海に直行し流域の奥行きに対してその出口が狭いことが考えられ、閉伊川は北上山地の無垢な自然を流れる本邦の代表的な河川の一つであるとした。流域の自然は1991年4月29日閉伊川沿いに走るJR東日本山田線の車窓から萌えるような新緑として、今でも眼前にある。

10:54「道の駅みやこ」から次の目的地北上川河口部へ向かった。三陸沿岸道路へは宮古中央JCTから入り、南三陸海岸ICから13:52に出た。

北上川

北上川河口近くの石巻市新北上大橋を渡ってすぐに「大川震災伝承館」および「石巻市震災遺構大川小学校」があり、その駐車場に14:28到着した。東日本大震災時の津波によって大川小学校では児童・教職員84名、大川地区全体では418名の方々が犠牲となった。

北上川は新北上大橋と近くの右岸堤防から観察した（写真12-21）。北上川は川幅が広くまた川幅いっぱいに河川水が満たしていた。津波が襲ってきた追波湾そして太平洋は見えなかった。

先に旧北上川の河口を石巻で訪れたが、今回訪れた北上川は下流域の石巻などを洪水から守るように登米市付近で分流された新北上川である。その新北上川は当時派川だった追波川が開削されて（1911〜1934年）放水路となり、東の追波湾を河口とした。

多くの河川は人の手がその姿を大きく変えたのだと改めて思った。

東北地方で本州は南北に延びるが、太平洋に面しては北上山地がそして中央を奥羽山脈が占める。北上川はその間を北から南に流れ、太平洋に南向きに開く仙台湾内の石巻湾に流れ出る、幹川流路延長249km、流域面積10150km²のいずれも東北地方最大で、本邦でも4番目の河川である。

かつて北上川の上流より岩手県岩手町（苗代澤橋）、盛岡市（開運橋）、北上市川岸（珊瑚橋）、岩手県平泉町（高館橋）、宮城県登米市（登米大橋）の5カ所で、2003年5月4日、8月15日、11月21日に採

写真12-21
北上川　新北上大橋近くの右岸から
上流側から大橋まで（連続写真左４
枚）、大橋の歩道から右岸と河口側
（写真右２枚）

水した。上流の岩手町から盛岡市で多くのイオン濃度は急激に増加し、平均順位数は盛岡で高くなった。北上に下流すると5月と11月ではほぼ保たれ、平泉、登米と低くなるようだが、8月では北上で低くなりさらに下流で逆に若干だが増した。個別イオンで見ると何故か5月の盛岡は Na と Cl は少なく、北上は NO_3 が5月と11月で高かった。2003年5月4日に岩手町苗代澤橋から見た北上川を写真で示した（写真12-22）。なお、支流江合川については旧北上川の項（69頁）で記した。

写真12-22　北上川　岩手町苗代澤橋から　上流域（写真上）、下流側（写真下）2003.5.4撮影

　新北上大橋を15:03に栃木県那須町に向かった。

　三陸自動車道、東北自動車道（安達太良 SS で給油）を経由し、那須に18:43戻った。気温は20℃だった。

　この日の所要時間は11時間19分、走行距離は681km だった。

　三日間の合計では所要時間28時間50分、走行距離1490km となった。

<u>河川河口への旅13</u>　**日野川、江の川、高津川、阿武川、深川川、**
　　　　　　　　　　　　厚狭川、錦川、芦田川、高梁川

■2022年7月21日㊍〜7月24日㊐
□初日　2022年7月21日㊍

　日野川に向けて7：38にジャックとFITで21℃と涼しい長野県青木村を出発した。長野自動車道に麻績ICから入る予定だったが、カーナビに従い梓川SAから入った。途中道幅が狭い場所も多く対向車が来ないか心配しながらの通過だった。高速道に入ってからは自動運転で追い越し車線を使い、出来るだけ車の流れに沿い速度を上げて進んだ。だが、12時ごろ速度違反だと罰金を科せられてしまった。後にドライブレコーダーの録画を確認したが、特に危険な運転ではなかった。給油は前日横川SAで行い余裕はあったが、16：07勝央SAで給油した。途中で激しい降水もあった。PAやSAをトイレやジャックの散歩などで寄りながら、17：40に日野川の河口近くに出た。

日野川

　日野川の鳥取県米子市皆生大橋を渡って左岸河川敷の犬専用公園に向かう通路に車を止めた。ここからは雲が無ければ大山が日野川の背景に見える筈だった。その日野川は河川敷が広くまた平坦過ぎて川筋がよく見えなかった（写真13-1）。皆生大橋から上流側と橋越しに河口側を見た（写真13-2）。

　日野川は鳥取県日野郡日南町の三国山（標高1004m）を水源として鳥取県の西部を流れて米子市にて美保湾に流れ出る全長77km、流域面積870km²の河川である。鳥取県西部地震は2000年10月6日に日野川流域であった。M7.3最大震度6強だった。その地震から1カ月後の2000年11月10日、震源地に近い日野町根雨を訪れている。まだ木造・土蔵建物の屋根・壁などに地震の爪痕が多く見られ、根雨神社では石灯籠・石碑などが倒れたりしていた。米子市で、「米子・皆生温泉で一時温泉水が濁った」、「米子市の水道が一時濁った」などと聞いた。本日の宿は

写真13-1　日野川　皆生大橋近くの左岸から
　　　　　河口側（写真上）、対岸（写真中）、
　　　　　上流側（写真下）

その一時温泉水が濁った皆生温泉にある。日野川は1999年11月13日、2000年5月28日にも採水で訪れており、上流域では日南町生山で支流石見川が合流する直前の生山橋と合流後の日南橋、中流域では日野町根雨の舟場橋、そして下流域は米子市岸本町岸本で採水していた。地震前と地震後の水質を比較すると、根雨・船場橋で地震後にＦが高く認められた。このＦの増加は地震と関係付けられるかもしれない。しかし、Ｆがこの11月で多いという現象は、同時に調査した他の河

写真13-2　日野川　皆生大橋から　河口側（写真上）、上流側（写真下）

川、高津川、高梁川においても確認でき日野川だけの現象ではなく、これまでに調査した本州の多くの河川水でもＦが11月試料で5月試料より高くなり、Ｆ成分は季節による影響のようであり、日野川で地震後にＦが高いことが直接地震によるとまでは言えないようだ。根雨で見た建物などの地震の爪痕は明確だったが、水質に明らかな変化はこれと確認できなかった。

　2000年5月28日時の日野町生山あいさつ橋から見た日野川とその上流側300ｍ程先で左手から合流する支流石見川を写真で示した（写真

写真13-3　日野川　日野町生山あいさつ橋から
　　　　　上流側（写真上）、下流側（写真中）、
　　　　　生山で合流する支流石見川（写真下）
　　　　　2000.5.28撮影

13-3)。石見川はその河川の名の如く石の中を流れ下ってくる河川だった。

　宿の米子市皆生温泉のベイサイドスクエア皆生ホテルには18：00に着いた。この付近の海岸では日野川からの流出土砂が砂鉄採取のかんな流しの終焉により減少し、海岸侵食が進んだようだ。県が護岸整備、突堤の建設をしたが、昭和30（1955）年に侵食被害を受け、昭和35（1960）年全国初の建設省（現国土交通省）直轄による離岸堤、護岸等対策工事が行われ、その後も対策がされているという。その海辺から街中へと延びる小さな芝生公園をジャックとゆっくり散策した。

□ 二日目　7月22日㈮
　7：57ベイサイドスクエア皆生ホテルを後にした。

江の川
　江の川の河口訪問は島根県江津市 JR 西日本山陰本線江津駅近くとし、山陰道の江津橋下右岸の駐車場に11：00到達した。
　江津橋近くの右岸堤防から上流側を見ると江津橋の先に三瓶山（1126ｍ）がある（写真13-4）。江の川は江津橋下を川幅広く流れていた（写真13-5）。最近降水が多く、水量は豊富だ。釣人は川が濁りヒラメが上がってくるので狙っていると話した。
　江の川の幹川流路延長194km、流域面積3870km²は中国地方第一である。広島・島根県境の阿佐山（1218ｍ）を水源とし、広島県北部を東流して三次市付近で神野瀬川、西城川、馬洗川を合流す

写真13-4　江の川　江津橋近くむの右岸堤防から上流側　江津橋と三瓶山（道路正面）

写真13-5　江の川　江津橋近くの右岸堤防から
　　　　　河口側（写真上）、対岸（写真中）、
　　　　　上流側（写真下）

る。中国山地を横断し、島根県中央部を三瓶山に向けて北流する。美郷町粕淵で西に流れを転じて江津市、山陰本線江津駅近くを通って日本海に流れ出る。水源から河口までの直線距離は50kmだが、その4倍もの流路となる。

　かつて、江の川で上流側より広島県三次市十日市西6丁目（寿橋）、三次市三次町（祝橋）、島根県邑南町下口羽（両国橋下直接）、美郷町乙原（港橋）、川本町大字川本（川本大橋）の5カ所で、2003年7月23日

写真13-6　江の川　三次市寿橋から　上流側（写真上）、下流側（写真下）。下流側右手より馬洗川合流　2003.7.23撮影

と12月6日に採水を行った。その折の寿橋からの江の川の様子を写真で示したが、下流側で右側から馬洗川が合流するのが見える（写真13-6）。分析結果からは、平均順位数が下流に伴い特徴的なパターンを示し、上流側の三次市寿橋から下流側の川本の間に平均順位数の最小と最大とが見られた。三次市祝橋での最小は支流馬洗川の合流に因る希釈効果により、そして邑南町両国橋での最大は三瓶山南麓からの火山活動に因る成分を早水川と千原川などによってもたらされたと理解した。またその早水川が合流する邑智町小原付近で江の川は南からの流れが折り返して南に流れ戻る断層構造に規制されての流れの大変曲点もあった。江の川

の流れのあまりの速さに驚いたり、江の川には変化と動があった。

次の訪問先益田市へと江の川を渡る際、江津橋の上流側に架かる江津バイパスを通った。この橋から江の川はよく見えなかった。

高津川

高津川の河口は益田市である。高津川は河口近くの鴨島大橋を観察地点とした。大橋近くの宇佐美益田SSで13:21給油した後、益田港線道路から鴨島大橋下の高津川右岸道路に出て高津川を観察した（13:26、写真13-7）。天候は不順で時折土砂降りとなったが、そのような雲の様子が遠くに見えた。

高津川は島根県西部を流れ、その流路延長は81km、流域面積は1080km²で、水源は鹿足郡吉賀町である。高

写真13-7　高津川　鴨島大橋下の右岸から上流側（写真上）、対岸（写真中）、下流側（写真下）

津川は一級河川で唯一、支流を含めてダムが一切無い。規模の大きい河川ながら上中流域に大きな人口密集地が無く、日本有数の清流として中上流域では毎年鮎釣りが盛んのようだ。かつて1999年11月12日に高津川上流の六日市町落合橋から高津川を見た（写真13-8）。また2000年11月9日には高津川と日原町で合流する支流津和野川の採水を行い、津和野川の流域には海の堆積物となる海成層があって高津川に海水成分を供給するとして、両河川のCl濃度

写真13-8　高津川　六日市町落合橋から　上流側（写真上）、下流側（写真下）1999.11.12撮影

の関係から、津和野川は高津川に対し水量への寄与は21％だが水質への寄与は47％だと類推したことがあった。津和野の町は鯉の泳ぐ水路が家々の前に普通にある落ち着いた町だった。

　次の訪問地阿武川河口となる萩市に向かうべく高津川を鴨島大橋で渡った。

阿武川

　阿武川は山口県萩市の河口部で東側の松本川と西側の橋本川に分流する。

写真13-9　松本川（阿武川河口東側分流）　萩橋から　下流側（左岸、下流、
　　　　右岸）（写真左３枚）、上流側（左岸、上流、右岸）（写真右３枚）、
　　　　萩橋写真（写真次頁２枚）

　松本川は萩橋に14:52着いて観察した（写真13-9）。萩市ホームページによると萩橋は昭和8（1933）年開通した民設の橋で、昭和13（1938）年萩市に寄付され、昭和23（1948）年鉄筋コンクリートに、昭和44（1969）年に拡幅工事がされたようだ。

　橋本川は玉江橋に15:24着き観察した（写真13-10）。玉江橋は明治7（1874）年生まれだ。

　萩市街地は阿武川河口部の平坦地にあり、萩橋は街中の橋であり、玉江橋間に落ち着いた家並みもあった。

　萩市市街地は両河川に挟まれてあった。

　阿武川は、山口県の東北部を流域とする県内の日本海側に流れ出る最大の河川で、幹線流路82.2km、流域面積694km²である。

　2002年12月7日と2007年2月21日に上流側の山口県阿武郡阿東町大字徳佐下（かねが山橋）から山口県萩市川上（小郷橋）の阿武川を採水で訪れた。そして萩市川上（相原橋）から小郷橋の間1.2kmで濃度が若干下がることを知った。両地点間で長谷川が合流する。濃度の減少はこの小河川によるのか。淀川では宮前橋での成分濃度の高まり、その意味として京都市の存在。阿武川では小郷橋での濃度の低まり、その説明としての長谷川の存在。淀川の場合、宮前橋での測定を行わなければ京都市は宇治川と木津川の流域の自然によってその特異性は弱められ、淀川の流れにその存在は特記されない。一方相原橋での測定は長谷川の存在を気付かせた。自然と人との関係が寓意的に明らかにされたり、ある

写真13-10　橋本川（阿武川河口部西側分流）　玉
江橋上から下流側（写真上）、上流側
（写真中）、左岸の対岸（写真下）

いはまたその大きな関係が寓意的に見落とされたりする可能性が常にあることを強く思った。また2月21日14時の徳佐の田でヒバリが空に舞い上がり囀った時は驚いた。ヒバリはカラスを見て舞い降り、他の一羽が低く囀り上がり直ぐに降りた。穏やかな日だった。と思ったり、驚いたり、そして穏やかさを感じたりした、阿武川だった。

深川川

　この日最後の訪問となる深川川は山口県長門市に河口を開いてい

写真13-11　深川川　長寿橋から　下流側（写真上）、上流側（写真下）

る。深川川は下流部の緑橋より上流の長寿橋右岸に16:11車を止めた。深川川は大河川ではなく、この橋上からは両岸の様子を含め深川川の全体像がうかがえた（写真13-11）。

　宿となる長門市長門温泉ホテル長門はらだに16:40に着いた。宿に荷を置きジャックと近くを流れる深川川を散策した（写真13-12）。

　深川川は山口県長門市を流れる河川で、長門市上ノ原で日本海の深川湾に流れ出る流路延長16km、流域面積67.2km^{2}の河川である。

　かつてこの深川川の上流側より下流側へ長門市渋木（渋木橋）、長門市深川湯本（せせらぎ橋）、長門市西深川（深川大橋）の3カ所で2003

写真13-12　深川川　長門市長門温泉での写真３枚

写真13-13　深川川　長門市渋木　渋木橋から
上流側。2005.10.14撮影

年7月24日、12月8日、2005年10月14日、2007年2月2日に採水を
行った。上流の渋木橋の付近では、川から水を直接汲み取れる、また洗
い物などできる踊り場を認め、小川と人とは日常の触れ合いが深かった
だろう昔を偲び、また懐かしくもなった（写真13-13）。またこの付近で
は川幅いっぱいにヨシが生えその中を川の水が流れ、ヨシがない所では
クロモなどの水草が茂り、国指定文化財天然記念物ゲンジボタル発生地
との標示もあった。深川川は小河川だが、自然環境と人の暮らしがその
ままに注視出来、また水質にも反映していて私たちに語りかける、興味
深い河川であった。

□三日目　7月23日㈯
　8:15、厚狭川の河口となる山口県山陽小野田市に向け、長門温泉ホテ
ル長門はらだを出た。

厚狭川
　厚狭川は山口県美祢市と山陽小野田市を流れて瀬戸内海の周防灘に流
れ出る、流路延長44km、流域面積249km²の河川である。
　厚狭川を国道190号線が渡る橋近くで観察する予定だったが、車を止

められないままに先に進んでしまった。厚狭川は橋下をやや離れ深青色を帯びて流れていた。ドライブレコーダーがこの様子を捉えていると思ったが、何故かチップに記録はなかった。従って厚狭川は車から見た記憶のみとなった。

　かつて厚狭川を上流から下流側に美祢市於福町於福橋、大嶺町祖父ヶ瀬橋、西厚保町千歳橋と鴨橋で2003年7月25日、12月7日、2005年10月14日、2007年2月19日の4回採水した。2005年10月14日時の厚狭川を写真で示した（写真13-14）。於福町の東部は秋吉台カルスト地形となり石灰石が広く分布し、かつ石灰岩の採掘場やセメント関連の工場もあり、厚狭川の河川水はCa濃度が高いが、於福から大嶺でCa成分の急激な増加となり、またMg成分も同様の変化となり石灰岩との関係で理解できた。

写真13-14　厚狭川　美祢市於福町於福橋から上流側（写真上）、大嶺町祖父ヶ瀬橋から下流側（写真中）、西厚保町千歳橋から下流側（写真下）。2005.10.14撮影

写真13-15　錦川　110号線の橋下右岸から　上
　　　　　流側（写真上）、対岸（写真中）、
　　　　　下流側（写真下）

写真13-16

錦川　新連帆橋上から　上流側（連続写真左３枚）、河口側とその拡大写真（写真右２枚）

錦川

　岩国市川口町の新
連帆橋に11:54到着し
た。錦川はかつて岩国
川と言われたようだ。
橋下の右岸堤防道路
から（写真13-15）、さ
らに橋上から観察し
た（写真13-16）。水量
は多くなかった。上流

写真13-17　錦川　新連帆橋上から高鉢山。ドラ
イブレコーダー記録

側に橋が多く架かっていた。錦川の観察を済ませ、次の訪問先の芦田川
河口の福山市に向かうところから、ドライブレコーダーは記録し始めて
いた。その記録始めが新連帆橋からの高鉢山（608m）だった（写真13-

写真13-18　錦川　錦町広瀬新橋から上流側と下流側　1999.11.11撮影（写真
　　左2枚）、2000.5.27撮影（写真右2枚）

17）。川と山は対を成す。

　錦川は山口県都濃郡鹿野町を上流として玖珂郡錦町・美川町を経て岩国市で瀬戸内海に出る流路延長110km、流域面積885km²の河川である。1999年11月11日と2000年5月27日に錦川の中流域を訪れている。その折に撮った錦町広瀬新橋からの錦川を見比べると、水量と流れ、周囲の木々の彩、天候の様子など大分異なっている（写真13-18）。河川そして自然は常に移ろい変化しているのだ。そしてもちろん人とて同じだと改めて思った。

芦田川

　芦田川は河口近くの広島県福山市竹ケ端運動公園駐車場に14:35着き、右岸から観察した（写真13-19）。また川幅広い芦田川を芦田川大橋で渡り左岸からの芦田川を観察した（写真13-20）。

写真13-19　芦田川　右岸竹ケ端運動公園前道路から　下流（写真上）、対岸（写真中）、上流側（写真下）

写真13-20　芦田川　芦田川大橋から上流側
　　　　　（写真上）、橋左岸から対岸（写真
　　　　　中）と下流側（写真下）

芦田川は広島県東部を流れる河川で、吉備高原の三原市大和町を水源として、中国山地の南斜面を流れ、中国山地を刻む碁盤目状の断層構造に支配され、屈折の大きい河川で、東流しながら世羅町、府中市などを経て福山市で瀬戸内海に流れ出る。幹川流路延長は86km、流域面積860km²である。芦田川の採水を2003年7月22日と12月5日に上流から世羅町大字伊尾（田谷橋）、世羅町大字伊尾（平岩橋）、府中市久佐町（布渡橋）、府中市土生町

写真13-21　芦田川　広島県府中市河佐町布渡橋から上流側（写真上）、下流側（写真下）　2003.7.23撮影

（府中新橋）、福山市芦田町（福戸橋）で行った。その結果、田谷橋から平岩橋で平均順位数が減じたが、それは中間で北側から支流矢多田川が、さらに下流して布渡橋で平均順位数が減じたのは、上流流域は花崗岩が広く分布し、上流に当たる八田原ダムに南から宇津戸川が流入しダム水を希釈することとした。府中新橋、福戸橋へと芦田川が下流すると平均順位数が増すのは、府中市市街地からの生活排水や北岸流域内の工業団地からの影響と、この間で合流する神谷川流域は花崗岩地帯だが、上流部で輝緑凝灰岩、玄武岩が分布することの影響が考えられた。この間の芦田川はパターン1Lであった。なお、2003年7月22日に広島県府

写真13-22　高梁川　浅口市 Hotel the view 瀬戸内から瀬戸内海に向かう高梁川の三遠望。写真３枚

中市河佐町布渡橋から見た芦田川を写真に示した（写真13-21）。

　当日の宿泊は岡山県浅口市にある Hotel the view 瀬戸内で15:57到着した。宿からの眺めは宿名の如く素晴らしく良く、瀬戸内海を眼下に一望できた。また明日訪れる高梁川も望めた（写真13-22）。

□ 四日目　7月24日㈰
　Hotel the view 瀬戸内を7:47に発ち高梁川河口の倉敷市に向かった。

高梁川
　8:15に高梁川の倉敷市連島町霞橋近くに着いた。川幅広い高梁川を左岸堤防道路上からと、河川敷に下りて観察した（写真13-23）。
　高梁川は岡山県の西側を占める河川で、最上流域は鳥取県との県境となり、流れは南に下って倉敷市・玉島市で瀬戸内海に出る。高梁川は吉備高原を広く占め、流域面積2670km²は中国地方で江の川に次ぎ第2位となる。また流路延長は111kmである。
　高梁川上流の支流神代川と西川で2000年5月と11月の採水で、Ca成分が高いのは石灰岩が各所に分布すること、その濃度が水量と逆（負）の相関がみられ、それは降水による希釈であること、だがSO_4は水量と正の相関でかつpHはアルカリ性から中和に向かうことから、降水をSO_4を含む酸性降水すなわち酸性雨と考えた。最近酸性雨という言葉がニュース等の報道に見られなくなり、時の流れを感じる。新見市伯備線新見駅前の橋から1999年11月13日に眺めた高梁川を写真で示した（写真13-24）。
　長野県青木村には、途中JR東日本篠ノ井線坂北駅近くで車幅ギリギリの鉄道を潜る道を通ったりもしたが（写真13-25）、無事18:24帰着した。

	走行距離	所要時間
初日	654km	10時間22分
二日目	332km	8時間45分
三日目	352km	7時間42分
四日目	656km	10時間37分
全行程	1994km	37時間12分

写真13-23
高梁川　霞橋近く岡山霞橋ゴルフ倶楽部前の河原から下流側、対岸、上流側と下流側拡大（連続写真左4枚）および堤防道路から下流側、対岸、上流側（写真右3枚）

写真13-24　高梁川　新見市伯備線新見駅前の橋
　　　　から　上流側と下流側　1999.11.13
撮影

写真13-25　JR東日本篠ノ井線坂北駅近く　鉄
道を潜る狭い道

<u>河川河口への旅14</u>　**長良川、雲出川、銚子川、紀ノ川、淀川、市川、円山川、由良川**

■2022年9月3日㈯〜9月6日㈫

□初日　2022年9月3日㈯

　台風11号の影響を心配しながら、8時45分にジャックとFITで最初の訪問地三重県桑名市の長良川河口に向け板橋区成増を出発した。

　出発前6時時点での訪問先の天気予報は次のようだった。

天気予報　9月3日6:00時点		月/日	日の出	日の入
晴時々曇　29℃〜23℃	板橋区成増	9/3	5時14分	18時07分
曇のち晴　31〜24	知多	9/4	5時27分	18時16分
曇のち雨　31〜26	白浜	9/5	5時30分	18時16分
曇のち雨　30〜26	城崎	9/6	5時36分	18時21分
曇一時雨　27〜22	青木村	9/7	5時23分	18時08分

　今回の行程を事前に Honda Total Care のプランニングより検索など行い河口訪問計画表を作成した（表）。これまでの河川河口への訪問と同

表　河川河口への旅14　訪問計画表

近畿地方河川河口訪問計画表　　　　　　　　　　　　　　　2022/9/2現在

	初日 2022.9.3(土)		二日目 9.4(日)		三日目 9.5(月)		四日目 9.6(火)
成増	給油 宇佐美 8:00発 5時間24分	知多	亀の井ホテル 知多美浜 朝食7:00 8:00発 2時間1分	白浜	犬御殿 朝食7:30 8:00発 1時間32分	城崎	しのゝめ荘 8:00発 4分
長良川¹	アクアプラザながら 13:25着　14:25発 1時間13分	雲出古川¹	津香良洲大橋　地点通過必要 10:02着　10:02発 10分	紀ノ川¹	紀ノ川大橋北詰 9:32着　9:32発　地点通過必要 1分	円山川¹	兵庫県豊岡市小島８８１ 8:04着　9:04発 1時間26分
知多	亀の井ホテル 知多美浜 15:38着	雲出川²	香良洲大橋→雲出大橋→雲出橋 10:12着　11:12発 1時間16分	紀ノ川²	紀の川第1緑地ドッグラン 9:33着　10:33発 1時間38分	由良川¹	東雲駅 10:30着　11:30 舞鶴若狭自動車道舞鶴PA* 6時間47分
	かんぽの宿 知多美浜 亀の井ホテル 知多美浜 TEL : 0569-87-1511	銚子川¹	三重交通海山バスターミナル* 12:28着　12:28発 14分	淀川¹	新淀川大橋河川公園西中島地区駐車場 12:11着　13:11発 1時間39分	青木	青木* 18:17着
		尾鷲	エディオン尾鷲店(20分) 13:42着　14:02発 2時間32分 (南方熊楠記念館)2時間33分+8分 0739-42-2872	市川¹	露天風呂あかねの湯 姫路南店 14:50着　15:50発 1時間48分		
		白浜	犬御殿 TEL : 0739-43-0540 16:34着	城崎	しのゝめ荘 TEL : 0796-32-2411 17:38着		
所要時間	7時間37分		9時間34分		9時間36分		10時間17分
有料道路	7,490円(通常料金の2,830円引)		3,670円(通常料金の1,360円引)		6,820円(通常料金の610円引)		8,820円(通常料金の290円引)
距離	422.3km		351.3km		385.5km		498.7km
			*ドライブレコーダチップ 交換		*ドライブレコーダチップ 交換		*ドライブレコーダチップ 交換

様にそのプランニングの検索結果を My コースに登録し、日毎に取り出しての旅となる。

　長篠設楽原 PA 13:10、豊田 JCT 13:45 と進み刈谷 PA に 13:52 に着いた。刈谷 PA での駐車場配置は施設利用者にとって良いと思った。関東と関西の文化の違いを思った。この辺りの高速道はワイヤーで吊り上げられている橋状の道路が多く、また道路の交叉も多いがカーナビで安心して通過できた。高架高速道を支えるワイヤーは金属製だろうが、所によっては光線の都合かビニール様にも見え、これからの世の変わりを思ったりもした。

　14:24 湾岸長島 PA で高速道を出て長良川河口に向かった。

長良川

　三重県桑名市長島町にある長良川河口堰近くの長良川左岸堤防に 14:36 車を止めた。堤防上から長良川を観察した（写真14-1）。さらになばなの里の駐車場に車を移し、長良川河口堰上の歩道から長良川を眺めた（写真14-2）。この長良川河口堰は 1994（平成 6）年に設けられたが、それ以前では本州で唯一本流に堰の無い大きな川だった。

　長良川は岐阜県内を流れる河川である。水源地は岐阜県郡上郡高鷲村の大日ヶ岳（1709 m）山麓蛭ヶ野高原の南斜面付近である。流域面積は 1985 km^2、幹川流路延長は 166 km であって、三重県の桑名市にて伊勢湾に流出する。かつて長良川の採水を 2001 年 5 月 28 日、11 月 15～16 日と 2002 年 10 月 12 日に上流側の岐阜県白鳥町長良川鉄道北濃駅近くからの橋、白鳥町白鳥橋、八幡町勝更大橋、美並村下田橋、美濃市新美濃橋、岐阜市忠節橋、羽島市羽島大橋、羽島市南濃大橋で行った。ただし 2002 年の採水は北濃から美濃までとなった。

　上流域の北濃駅近くから下流するにつれて新美濃橋までは濃度が増加する成分と減少する成分と異なる二つの成分系統があるようで、北濃駅近く ── 白鳥町白鳥橋を流れる長良川と下流での美並村下田橋 ── 美濃市新美濃橋を流れる長良川の水質とでは大きく異なっていた。美濃市新美濃橋より下流では全ての成分が流下に従い増加していた。長良川では

写真14-1　長良川　左岸アクアプラザながら
　　　　　近く河岸から　河口側（写真上）、
　　　　　対岸（写真中）、上流側（写真下）

写真 14-2

長良川　河口堰上歩道から　下流側
（左岸、下流、右岸）（写真左3枚）、
上流側（右岸、左岸）（写真右2枚）

人為的汚染が下流に向け現れているようだった。

長良川上流域北濃駅近くの様子を2001年5月28日の写真で示した（写真14-3）。

15:15に長良川を離れ、この日の宿知多半島に向かった。

愛知県美浜町亀の井ホテル知多美浜（元かんぽの宿知多美浜）に16:41に着いた。ホテル前の海に竿が多く見え、砂浜は海藻で満ちていた（写真14-4）。

この日の天気は予報通り晴れ、白雲が目立った。

> 走行距離　437km
> 所要時間　7時間56分

写真14-3　長良川　岐阜県白鳥町北濃駅近く
上流側（写真上）、下流側（写真下）
2001.5.28撮影

□二日目　9月4日㈰

8:15亀の井ホテル知多美浜を出て三重県津市の雲出川河口に向かった。

雲出川

雲出川は河口部の香良洲で雲出川と雲出古川に分流する。その雲出古川の津香良洲大橋（写真14-5）を10:07に通過し、分流後の雲出川を香

写真14-4　海藻の付着した海辺　愛知県美浜
　　　　町亀の井ホテル前にて写真３枚、
　　　　写真下は亀の井ホテル

良洲大橋（写真14-6）で渡って、上流側に出た。分流前の雲出川を雲出大橋（写真14-7）で、さらに上流を雲出橋で渡ってふれあい公園駐車場に10:15車を止めた。雲出橋の地はかつて小野古江渡という渡し場だったようだ（写真14-8）。

写真14-5　雲出古川　津香良洲大橋　左手河口側

雲出川を雲出橋から写真に収めた（写真14-9）。

雲出川は南北に伸びた三重県の中程を東に流れ、一志郡香良州町と三雲町の境にて伊勢湾に注ぐ、流長55 km 流域面積550 km²の一級河川である。最上流部は高見山地にあり、水源となる三峰山（1235 m）から東側の庄司峠（879 m）にかけて中央構造線の北

写真14-6　雲出川　香良洲大橋　左手上流側（写真上）、右手上流側（写真下）

側に当たる。雲出川の奥津より上流流域は古期領家花崗岩類・領家変成岩類・塩基性岩類の変輝緑岩などが分布する。かつて雲出川の採水を上流より三重県美杉村宮城橋、美杉村八知橋、白山町両国橋、そして一志町片山橋の4カ所で2005年3月19日と7月24日に行っている。この間

写真14-7　雲出川　雲出大橋　左手河口側

小野古江渡

雲出川は、伊勢国・大和国の境にそびえる高見山地の三峰山（標高1,235m）に源を発し、伊勢湾へと注ぐ、櫛田川・宮川と並ぶ県下三大河川の一つです。

大河であるために、南北朝時代には南朝方と北朝方の境界でもあり、軍事上の問題から橋がかけられず、各所に渡し場が設けられました。

その一つが、かつてこの地にあった「小野古江渡」です。

この地は、伊勢街道に沿っているため、全国各地からの伊勢参りの人びとが行き交う交通の要衝であり、慶長19年（1614）ごろまでは川越場から人馬によって川越えをしていました。

江戸時代に4回おこった「おかげまいり」では、全国各地から多いときには500万人もの民衆が伊勢参宮のために往来したといわれ、渡し場も宿場としてにぎわいました。

明治13年（1880）には雲出橋が架けられ、地域の生活と文化を結ぶ掛け橋となり、平成12年（2000）5月には現在の雲出橋が建設され、その役割はますます大きくなりました。

写真14-8　雲出川　雲出橋（写真上）と案内板
　　　　　（写真下）

写真14-9　雲出川　雲出橋（写真上）、橋上から
　　　　　下流側（写真中）、上流側（写真下）

雲出川は角のある小、中、大礫の河床を清流が流れる（宮城橋　写真14-10写真上）。両国橋では平坦な岩盤河床を清流が浅く流れていた（写真14-10写真下）。水質から、雲出川は上流域の主として花崗岩となる地帯から流れ下った河川水がさらに花崗岩上を流れてくる支流の八手俣川の清水によってイオン濃度は希釈される。白山町を過ぎると小盆地上に川筋に沿って平地が開け田・畑が見られ、また第三系・第四系の地層からの溶出と人為

写真14-10　雲出川　美杉村宮城橋の上流側、白山町両国橋の上流側　2005.7.24撮影

的影響、さらに伊勢湾からの海の影響も受けて、河川水中のイオン濃度が増加するとした。

　10:33雲出川を離れ三重県紀北町の銚子川河口に向かった。

銚子川

　銚子川は大台ヶ原を水源として全長約18km、三重県南部の紀北町を流れて熊野灘へと流れ出る、奇跡の川と呼ばれるほどに透明度が極めて高い河川である。その河口近くの紀北町の相賀公民館に伊勢湾台風（1959年9月26日）の翌月に大学の進論で友3名と泊まったことがある。紀北町役場に問い合わせると、当時の相賀公民館の跡地には現在

民家が建っているとのことで、時の流れと移りを感じた。JR東海紀勢本線の相賀駅は1934（昭和9）年の開業当初の木造駅舎のようだが、その前を通り（写真14-11）、銚子川の銚子橋に11:58着いた。銚子橋からも透明

写真14-11　相賀駅（JR東海紀勢本線）　ドライブレコーダー記録

度が高いことはうかがえた（写真14-12）。

　当日の予定した河口訪問を終え、銚子川から12:16宿泊先の和歌山県白浜町に向かった。途中で給油が必要と判断し、紀和町板屋の道の駅熊野・板屋九郎兵衛の里に停車した。紀和駐在所で給油所を訊き、14:18予定進路を離れ新宮市に向かった。新宮市は熊野川河口部に位置する。図らずも、山間で川筋がはっきりした川辺の砂地がきれいな熊野川沿いに走った（写真14-13）。14:37熊野川町日足のアポロステーションで給油し、14:04引き返し白浜町に向かった。途中道をしばしば譲ってくれ、土地の人の優しい気持ちを感じた。

　白浜町の南方熊楠記念館に16:25立ち寄った。南方熊楠記念館は1995年11月に訪れている。入館は既に終了していて展望台に出た（写真14-14）。

　宿泊先の和歌山県白浜町犬御殿に17:05到着した。

　　所要時間　8時間50分
　　走行距離　367km

□三日目　9月5日㈪
　早朝ジャックと宿前の白良浜を散歩した（写真14-15）。海先の白雲に虹が懸かっていた（写真14-16）。犬御殿を8:30に出発し、和歌山市の紀ノ川河口に向かった。

写真14-12　銚子川　銚子橋の上から　下流側
（写真上２枚）、上流側（写真下）

写真14-13　熊野川　新宮市熊野川町から　右岸
　　　　　から下流側方向を望む

写真14-14　南方熊楠記念館近くの展望台から
　　　　　鉛山湾方向を望む

写真14-15　白良浜にジャックと私　　　写真14-16　白良浜の朝　白雲に虹

紀ノ川

　紀ノ川河口の和歌山市紀ノ川大橋を渡って紀ノ川右岸の河岸停車場に10:05着いた。紀ノ川を右岸堤防から観察した（写真14-17）。

　紀ノ川は奈良県から和歌山県に流れて和歌山市で紀伊水道に出る、流路長約135km、流域面積1660km²の河川である。奈良県よりの上流は吉野川と呼ばれる。2005年3月18日と7月24日に上流側の奈良県吉野町から下流側の和歌山県岩出市岩出橋にかけ採水で訪れた。その結果を踏まえて、紀ノ川は上流域では日本有数の降水地域である大台ヶ原に降った降水が、急峻な山岳地形の片岩、頁岩などから無機成分を溶出してその濃度を下流側で増す、また下流に伴い農業活動や生活にかかわる人為的な成分が増し、さらに海からの影響も河口側から増す。下流域では硫化物の風化成分も加わる。そのような成分濃度が上流から下流に向けて増しながら和歌山市にて太平洋に流れ出る河川といえるようだ。2005年3月18日に奈良県吉野町上市橋から見た吉野川（紀ノ川）を写真で示した（写真14-18）。

写真14-17　紀ノ川　紀ノ川大橋近くの右岸から上流側、対岸、下流側（写真左3枚）と堤防上から上流側、対岸、下流側（写真右3枚）

10:20駐車場を出発し、紀ノ川大橋を渡り返し、更に紀ノ川を紀ノ国大橋で渡って、大阪市の淀川河口へと向かった。

淀川

淀川には新淀川大橋（写真14-19）を渡って淀川右岸となる淀川区西中島の河川公園西中島地区駐車場に12:16着いた。この駐車場近くの堤防上からは淀川の流れははっきりと確認できず、微かに下流側で川面が見られるのみだった（写真14-20）。

淀川は琵琶湖を水源とし、京都盆地、大阪平野北半部を流れて大阪湾に流れ出る、幹川流路長75km、流域面積8240km²の河川である。桂川は淀川の支流で京都府内を流れる。

桂川・淀川は2001年11月16日と2002年

写真14-18　吉野川（紀ノ川）　奈良県吉野町上市橋から　上流側（写真上）と下流側（写真下）

写真14-19　淀川　新淀川大橋から　右手微かに淀川下流側が見える

写真14-20
淀川　新淀川大橋近くの右岸堤防上
から　上流側から下流側（連続写真
４枚）そして対岸の拡大（写真右）

4月30日に上流側の京都府南丹市から下流側の大阪府高槻市にかけて採水で訪れたことがある。その結果は次のようにまとめた。「上流から下流すると桂川中のイオン濃度は増加するが、嵐山から宮前橋（京都市伏見区）で特に Na、K、Cl、NO_3、SO_4 の増加が顕著だった。だが宮前橋から枚方公園に下流するとその濃度が急激に減じた。宮前橋が特異地点として淀川の水質に現れていた。ここで 2 つのことが意識できる。1 つはこの特異な変化をもたらしたことについてであり、もう 1 つのことは特異点を見逃すことについてである。前者では京都市の存在が考えられる。嵐山から宮前橋に至る後背地には大都市である京都市が存在する。宮前橋から枚方の間には大きな 2 つの支流宇治川と木津川が合流する。宇治川は琵琶湖を水源とする河川で、木津川は伊賀市の上野盆地に集まる水を流す。宮前橋では京都市の人的活動が水質として現れる。その水質を宇治川と木津川がその人的活動をより大きな自然のなかに吸収して平均化している。そこで京都市はより大きな地域・自然のなかでは水質に特異点を示さずに同化し、人的特異活動点が覆い隠されるようでもある。自然は多様な様相を内包している。特異点があることがむしろ常態とも言える。特に驚くことではない。自然は様々な視点を提供する。自然にある特異点を知って様々な構造についての知識を獲得してきた。すなわち河川で言えば上流、中流、下流という自然の空間的要素と時間的要素と絡みにみられる特異性を知ることはそのような知の構造を認識し、理解し、意識することに繋がる大切な行為であろう。かつてはまた現在でも地下資源の探査に水質は頼りとされ、また現在は安全な生活を維持する上の環境モニターに水質は重要な情報源として頼られよう。後者の特異点を見落としても自然は成り立つ。その結果、新たな現象が起こっても、その事象を契機として新たな自然の構造転換が始まるだろう。だが、特異点を捉えた限りは、特異点の由来を紐解き、意識するのが賢明であろう。2001 年 11 月と 2002 年 4 月の調査は全く同じ結果が得られた。移ろい行く川にも変わらない個性が内在することの実例として、桂川・淀川の個性を挙げたい」

　桂川に架かる宮前橋は常に渋滞となる橋のようだ。タクシー運転手

は「この橋はいつも渋滞です。タクシーを降りて歩いて渡った方が早いですよ」と教えてくれた。人と物の流れにおいてもこの地点は特異点となっていた。2002年4月30日時の桂川を南丹市園部町船岡の橋（現在橋撤去）からの写真で示す（写真14-21）。

12:46淀川を離れ、次の目的地とした兵庫県姫路市の市川河口に向かった。

写真14-21　桂川（淀川支流）　南丹市園部町船岡の橋から　上流側（写真上）と下流側（写真下）　2002.4.30撮影

市川

姫路市飾磨区中島の市川浜手大橋近くの駐車場に14:29着き、市川浜手大橋から市川を観察した（写真14-22）。

市川は丹波・田島・播磨の三国の境から南に流れ、兵庫県が幅広くなる南部では西を揖保川、東を加古川で挟まれた南北に細長い流域をもって、姫路市で瀬戸内海に出る。上流域は円山川の上流域に接する、流路延長76km、流域面積496km²の河川である。1999年11月14日と2000年5月29日に播但線沿いに上流から下流側に生野町口銀谷、大河内町寺前、市川町甘地、姫路市豊富町仁豊野で採水した。その結果、上流の生野より下流の仁豊野で平均順位数は高かったが、その途中の寺前で最も低い値を示した。採水時において生野より寺前で河川の流量は増加して

写真14-22
市川　市川浜手大橋から　上流側
（左岸、上流側、右岸）（写真左3
枚）、下流側（左岸、河口側、河口
側の拡大、右岸）（写真右4枚）

いた。この生野と寺前の中間の長谷で、北西から支流犬見川が市川に流入する。犬見川はホタルの舞う清流といわれ、また揚水発電を行う大河内水力発電所が関係する上部の太田ダムと下部の長谷ダムがある。この支流犬見川が生野のイオン濃度の高い水を希釈していると考えられた。個別イオンで見ると F と SO_4 が上流で高い傾向がある。市川の上流流域は円山川の上流流域と接していて、そこには生野鉱山があった。生野鉱山は大同 2 （807）年の開坑以来昭和48（1973）年 3 月に閉山するまで11世紀にわたって金・銀・銅・錫などを採鉱した日本有数の銀山だった。量的には硫化物が鉱石の主役のようだ。したがって硫黄を含む鉱脈などの地質が当地区にはあり、また採掘跡、採鉱時のズリや精錬などで、現在も地表、地下から硫黄成分の風化分解などで SO_4 の溶出も考えられる。市川および隣が流域となる円山川の上流、特に市川側で SO_4 濃度の高いことと関係するかと思った。

14:41 市川浜手大橋を離れ、瀬戸内海側から本州を横断して日本海側に向かった。途中の市川の流域から円山川流域に移る辺りに生野鉱山はあり、FIT は播但連絡道路で15:40 生野、そして生野北第 2 出口（写真14-23）を通過した。

写真14-23　生野出口（写真上）と生野北第 2 出口（写真下）

円山川

当日の宿は兵庫県豊岡市の城崎温泉にある。城崎温泉は円山川の河口近くだが、宿に

寄る前に河口部に架かる港大橋の先、円山川左岸の船着き場に車を16:51に止めた。円山川は港大橋に沿う歩道橋から観察した（写真14-24）。

　宿となるしののめ荘の駐車場に17:19車を止めた。ジャックと円山川の上流側にある城崎大橋まで散歩し、円山川を再び観察した（写真14-25）。JR西日本山陰本線城崎温泉駅は途中にあり、丁度駅に向かう電車に出会った（写真14-26）。駅前に各旅館からの下駄奉納がされていた（写真14-27）。近年下駄を履く人は見かけない。いつ頃から下駄姿は城崎温泉街から失せたのだろうか。

　兵庫県は北部で幅狭くなるが、円山川はその東側半分を流域として、京都府との境近い城崎町・豊岡市で日本海に流れ出る河川で、古くは朝来川といった。生野鉱山の太盛山の西方が源流となる流路全長68km、流域面積1300 km² の河川である。

　かつて円山川からの採水を上流域で朝来町新井新橋、中流域では和田山町和田山東河橋、そして日高町鶴岡鶴岡橋で1999年11月15日と2000年5月29日に行った。Na、NH$_4$、K、Cl は円山川上流の朝来町新井新橋で下流の和田山町和田山と日高町鶴岡橋より低く、逆に Li と SO$_4$ は新橋でいずれよりも高かった。SO$_4$ は上流から下流に向け減少し、Na と Cl は和田山町和田山と日高町鶴岡橋でほぼ同じ値を、そして Mg と Ca は朝来町新井と和田山町和田山でほぼ同じ値を示した。Ca が上流で高いのは古生代ペルム系に当たる超丹波帯の地層が新井付近に分布し、この地層は黒色粘板岩で石灰石をレンズ状に持つようで、風化により Ca を溶出しやすいと思われ、円山川に Ca を供給しているからだろう。和田山以北の円山川の下流部は新第三紀の地層が流域となる。朝来町新井新橋からの円山川と日高町日置橋近くからの川らしい川の円山川を写真にした（写真14-28）。

　2000年5月29日の採水の折、和田山駅近くの喫茶軽食店で次のような店員と関西弁の客とのやり取りがあった。「840円です」「200円でいいよ」と千円札を出す。「160円ありました」と慌てず店員はつりを出した。……「アイスコーヒー飲ませてくれる。安くすると馴染みが来るよ」と言いながらタダで飲んで出て行った。「なかなか時間は経ちませ

写真14-24

円山川　港大橋に沿う歩道橋から
河口側（左岸、河口側、河口側拡
大、右岸）（写真左４枚）と上流側
（写真右）

写真14-25　円山川　城崎大橋にて　河口側（左岸、河口、右岸湖）（写真左
　　　3枚）、上流側（左岸、上流、右岸）（写真右3枚）、城崎大橋
　　　（右岸へ、左岸へ、全体像）（写真次頁左3枚）

写真14-26　JR西日本山陰本線城崎駅近く城崎大橋前踏切を通る列車

写真14-27　城崎温泉駅前　下駄奉納

写真14-28 円山川 朝来町新井 新橋から 上
流側（写真上）、下流側（写真中）、
日高町日置橋近くからの円山川（写
真下） 2000.5.29撮影

んね。必要な時間は直ぐ
過ぎてしまう」と言った
ら「ほんとにそうだね」
と強く了解し「気を付け
てね」と言ってくれた、
と野帳にあった。

写真14-29　円山川　港大橋近くの左岸道路から
の円山川

　この日の所要時間8
時間49分、走行距離
395km。

□四日目
　9月6日㈫
　8:30 FITは、しののめ荘駐車場を出て河川水が川幅いっぱいになみな
みと満ちた円山川を見ながら走った（写真14-29）。過去に出会った円山
川も水で満ち満ちていたとの印象が強かったが、円山川は豊岡盆地の下
流部での流れはとても緩やかで、河口から17kmの出石川合流付近まで
海水が浸入するようだ。
　円山川河口の港大橋を8:39に渡って、そのまま京都府宮津市の由良
川河口に向かった。
　京丹後大宮ICから9:32山陰近畿自動車道に入った。

由良川
　由良川には10:06京都府舞鶴市京都丹後鉄道宮津線東雲駅付近の堤防
に到達した。由良川を東雲駅より上流側（写真14-30）と下流側（写真
14-31）の堤防から観察した。
　由良川は幹川流路延長146km、流域面積1880km²の河川である。京
都府と滋賀県境の三国岳（959m）を水源として、京都市京都中央部を
西進し、高屋川、上林川などの支流を集めて福知山盆地を流れ、盆地の
西端で土師川、牧川をあわせ、流路を北に転じ宮津市栗田湾で日本海に
流入する。由良川は上流側より京都府船井郡京丹波町小畑（金刀比羅

写真14-30　由良川　東雲駅近くの右岸堤防か
　　　　　ら　河口側（写真上）、対岸（写
　　　　　真中）、上流側（写真下）

写真14-31　由良川　東雲駅の下流右岸堤防か
　　　　　ら　河口側（写真上）、対岸（写
　　　　　真中）、上流側（写真下）

橋）、京都府綾部市川糸町（丹波大橋）、京都府福知山市字猪崎（新音無瀬橋）、福知山市大江町波美（尾藤橋）で2001年11月17日、2002年5月1日、10月14日と3回採水した。この区間では多くの成分濃度が下流するにつれて増加し、由良川はパターン1Mに分類できた。

2001年11月17日採水時の由良川の様子を写真で示した（写真14-32）。その折の福知山ではいろいろあった。先ずは、タクシー運転手は話をし過ぎて道を通り越し、これからは打ち切りとメーターを倒した。次に商店街を歩いていたらいきなり蒸気機関車が現れた。そして御霊公園では台風13号（1953年9月25日）による由良川の氾濫時の浸水位の標示がありその

写真14-32　由良川　写真上　京丹波町金刀比羅橋から上流側、写真下　福知山市新音無瀬橋から下流側（2001.11.17撮影）

写真14-33　福知山市御霊公園　由良川の台風13号時の浸水位（2001.11.17撮影）

あまりの高さに驚いた（写真14-33）。食べ物屋も多そうで面白そうだった。なお、由良川の福知山における堤防設置などの治水に明智光秀は貢献したようだ。先の御霊公園は明智光秀の御霊神社前の公園である。

10:16観察を終えて東雲駅（写真14-34）を経由して長野県青木村に向かった。この時点で予定した近畿地方の河川河口は全て訪問し終えた。と同時に今回計画した本州の河川河口の訪問は達成したのだ。

帰路途中の名神高速道路で、揖斐川13:05（大垣市、写真14-35）、長良川13:07（安八町、写真14-36）を通過し、岐阜羽島料金所13:09で一般道に出て13:19木曽川濃尾大橋を渡り、13:33一宮西ICから高速道に移っ

写真14-34　北近畿タンゴ鉄道の東雲駅とFIT

写真14-35　揖斐川　左手上流　名神高速道路、
　　　　　大垣市　ドライブレコーダー記録

写真14-36　長良川　左手上流　名神高速道路、
　　　　　安八町　ドライブレコーダー記録

た。14:01に虎渓山PAでドライブレコーダーのチップ交換をし、青木村に向かった。途中台風11号の影響で風の強い所もあったが、降水はなかった。麻績ICで高速道を出た。だが、最終地点青木村近くで立ち寄った店から出る所で縁石に乗り上げて左後ろのタイヤをパンクさせてしまった。ホンダトータルケアに連絡し、タイヤ交換の手配などが必要となった。旅の最終段階で大きな失敗をしてしまった。気のゆるみ、油断は大敵である。しかし、より大きな事故を未然に防いだのだ、と気を静めた。

　青木村に着いたのは21:21となった。

この日　所要時間　12時間51分　走行距離　528km
全行程　所要時間　38時間26分　走行距離　1727km

第二章

流れ方向の水質変化による河川の分類

1. はじめに

　河川水は一般に河川の上流から下流に向け流れる。その間に河川水は水質を変える。ここでは河川水中の陰陽イオンに焦点を当て、河川水の下流に伴うイオン濃度の変化に関して、パターン化して整理・理解する新しい方法を提案する。ある河川のある地点の河川水をAとし、それより下流側の河川水をC、さらにその間の河川水をBとする。A、B、C間の陰陽イオン濃度の関係を各イオンにおける濃度順位の関係に置き換える。順位は最も低い濃度の河川水を1とし、順次濃度が高くなる毎に1を加える順位数で示す。各河川水で複数のイオンに対する順位数の和を求め、その平均を平均順位数と定義する。平均順位数が下流に伴い変化する様子から、河川を9つのパターンに分類整理できる。各パターンについて、下流に伴いどのような水質変化を示すか、またその理由について考察した。日本を流れる69河川について8陰陽イオンの下流に伴う変化を平均順位数の変化に置き換えて調査区間で見られたパターンを表として示し、各パターンに近い河川を1つ選んでその意味内容を簡単に示した。

2. 河川水の流下に伴う陰陽イオンの濃度変化についてのパターン化認識の試み

　ある河川の河川水A、B、Cについて河川水Aが上流の、河川水Cが下流の、そして河川水Bが中流の河川水とすると、河川水A、B、C中の陰陽イオン濃度間の関係は次のパターンのいずれかに分属できよう。

河川水A、B、Cの陰陽イオン濃度について、まずA、C間の関係
は、Aの濃度＜Cの濃度、Aの濃度＝Cの濃度、Aの濃度＞Cの濃度の
いずれかである。つぎにAとCに対するBの関係を考えると、先の3つ
の関係はそれぞれにBの濃度がAの濃度とCの濃度の間にあるか等しい
場合と、Bの濃度がAの濃度およびBの濃度のいずれよりも大きい場合
か、いずれよりも小さい場合かの3つの場合が考えられる。すなわち、
A、B、Cの濃度間の関係は都合9つにまとめられる。

　このことを河川水A、B、Cのイオン種 i の濃度を $c(i, A)$、$c(i, B)$、
$c(i, C)$ とそれぞれ表すと、次の9つの関係として整理できる。

1.　$c(i, A) < c(i, C)$
　1.1　$c(i, A) \leqq c(i, B) \leqq c(i, C)$ 〈ただし、$c(i, A) = c(i, B) = c(i, C)$
　　　は除く〉
　1.2　$c(i, A) < c(i, B) > c(i, C)$,　$c(i, A) < c(i, C)$
　1.3　$c(i, A) > c(i, B) < c(i, C)$,　$c(i, A) < c(i, C)$
2.　$c(i, A) = c(i, C)$
　2.1　$c(i, A) = c(i, B) = c(i, C)$
　2.2　$c(i, A) < c(i, B) > c(i, C)$,　$c(i, A) = c(i, C)$
　2.3　$c(i, A) > c(i, B) < c(i, C)$,　$c(i, A) = c(i, C)$
3.　$c(i, A) > c(i, C)$
　3.1　$c(i, A) \geqq c(i, B) \geqq c(i, C)$ 〈ただし、$c(i, A) = c(i, B) = c(i, C)$
　　　は除く〉
　3.2　$c(i, A) < c(i, B) > c(i, C)$,　$c(i, A) > c(i, C)$
　3.3　$c(i, A) > c(i, B) < c(i, C)$,　$c(i, A) > c(i, C)$

3．陰陽イオン濃度の変化を濃度の順位に置き換えて表現する方法について

　先のある成分 i ＝ 1 と他の成分 i ＝ 2 とでは、河川水A、B、C間の
濃度関係が異なる場合もある。たとえば、i ＝ 1 では $c(1, A) < c(1, B)$

＜c(1, C) であるが i ＝ 2 では c(2, A) ＞ c(2, B) ＞ c(2, C) となる場合などである。二つの成分 i ＝ 1, 2 について同時にA、B、C間の関係を示そうとすると、二つの成分の間の濃度差が大きい場合には、両成分の和を取っても、比を取っても、また最大濃度を100とする指数法によってもA、B、Cの示す値からみた大小関係は逆転したりし、A、B、C間が一定の関係で示されるとは限らない。

　たとえば i ＝ 1 は c(1, A) ＝ 5 ppm、c(1, B) ＝ 10 ppm、c(1, C) ＝ 15 ppm であって、 i ＝ 2 が c(2, A) ＝ 3 ppm、c(2, B) ＝ 2 ppm、c(2, C) ＝ 1 ppm である場合と i ＝ 2 が c(2, A) ＝ 30 ppm、c(2, B) ＝ 20 ppm、c(2, C) ＝ 10 ppm である場合では i ＝ 2 は同じくA＞B＞Cであるが、 i ＝ 1, 2 の和は前者ではA ＝ 8 ppm、B ＝ 12 ppm、C ＝ 16 ppm でA＜B＜Cであるが後者ではA ＝ 35 ppm、B ＝ 30 ppm、C ＝ 25 ppm でA＞B＞Cとなり、両者の大小関係は逆転する。

　ましてや n ＝ 8 のような n 成分の場合には、イオン濃度を直接用いてA、B、C間の大小関係を1つにまとめて表現することは困難である。

　いま、各成分の関係を成分濃度の値のままにせずに、試料間で濃度の低い試料から高い試料へと順に並べたときの順位数に置き換えてみる。順位数は最低濃度に対して順位数1を与え、濃度が高まる順に順位数を1ずつ増す。同じ濃度の場合は順位数を留めて、次に高い濃度の順位数は先の順位数に留めた回数を加えた数とする。河川水Aについて複数の成分の順位数を足した順位数の和をAの総順位数とし、その和を成分数で割って得る値を平均順位数（the average ranking marks: arm）とする。

　先のたとえでは、 i ＝ 1 における河川水A、B、Cの順位数は1、2、3であり、 i ＝ 2 ではいずれも順位数は3、2、1となる。両成分の順位数の和（総順位数）はA、B、Cはいずれも4となる。成分数2で割って得られる平均順位数はA、B、Cいずれも2となる。この場合は成分数が複数たとえば n ＝ 8 でも、成分の濃度差が大きくても、平均順位数の値にみられるA、B、C間の関係は一定に保たれる。

　そこで、一般的には河川水Aの i 成分に関する他の河川水（B, C）との濃度順位数を rm(i, A) とし、複数のイオン（ i ＝ 1 …… n ）に

ついて順位数の和（総順位数）を求めて、それを成分数 n で割って得る値が平均順位数（arm）となる。河川水 A の平均順位数 arm(A) は {Σ rm(i, A)}/n となる。河川水 B の平均順位数 arm(B)、河川水 C の平均順位数 arm(C) とすると、arm(A)、arm(B)、arm(C) 間の関係は、先のイオン濃度の関係に準じて、次の 9 つの関係として分類整理して示すことができる。

1. arm(A) < arm(C)
    1.1 arm(A) ≦ arm(B) ≦ arm(C) 〈ただし、arm(A) = arm(B) = arm(C) は除く〉
    1.2 arm(A) < arm(B) > arm(C), arm(A) < arm(C)
    1.3 arm(A) > arm(B) < arm(C), arm(A) < arm(C)
2. arm(A) = arm(C)
    2.1 arm(A) = arm(B) = arm(C)
    2.2 arm(A) < arm(B) > arm(C), arm(A) = arm(C)
    2.3 arm(A) > arm(B) < arm(C), arm(A) = arm(C)
3. arm(A) > arm(C)
    3.1 arm(A) ≧ arm(B) ≧ arm(C) 〈ただし、arm(A) = arm(B) = arm(C) は除く〉
    3.2 arm(A) < arm(B) > arm(C), arm(A) > arm(C)
    3.3 arm(A) > arm(B) < arm(C), arm(A) > arm(C)

これらの関係を河川水の下流に伴なう平均順位数としてグラフ化して、9 つのパターンとして図 1 に示した。

次に実際に河川水の陰陽イオン濃度を分析した結果から、イオン種毎の濃度順位数を求める方法と意味を、さらにそれらの和から平均順位数（arm）を求める例を示す。
ある河川の河川水 A、B、C が次のような組成を示した。

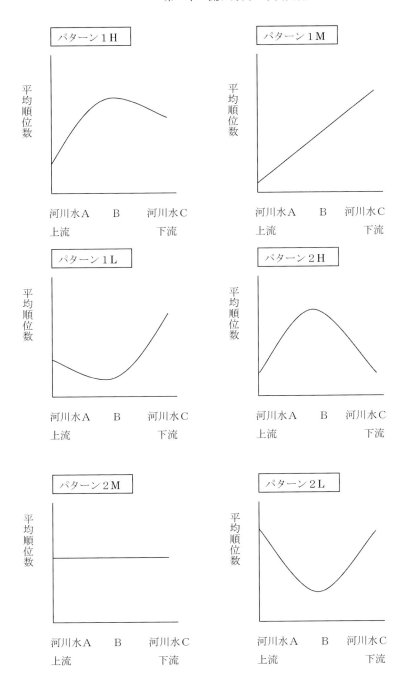

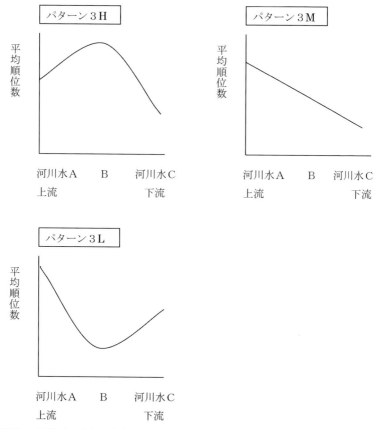

図1 河川水の流れ方向の平均順位数変化より見た模式的な9パターン

	化学組成（ppm）		
	Na	K	Ca
河川水A	4.83	1.00	5.21
河川水B	5.45	0.96	5.76
河川水C	5.11	1.13	8.12

　河川水A、B、CにおいてNa濃度が最も低いのは河川水Aであり、次が河川水C、最も高いのは河川水Bである。そこで濃度の低い順から順位数として1、2、3の数を当てる。

　次に河川水AについてNa、K、Caの順位を単純合計すると1＋2＋1＝4となる。河川水Bは6、河川水Cは8となる。この順位数の和が総順位数で、総順位数は高い順位の成分数が多いほど大きくなる。総順位数を成分数で割り平均化した順位数を平均順位数（arm）と呼んだ。ここでの成分数は3であり、総順位数を3で割ると平均順位数は河川水Aは4/3＝1.33、河川水Bは2.00、河川水Cは2.66となる。これらの関係を表で示すと次のようになる。

	各化学組成の濃度順位数（rm）			濃度順位数の和（総イオン濃度順位数）	平均順位数（arm）
	Na	K	Ca		
河川水A	1	2	1	4	1.33
河川水B	3	1	2	6	2.00
河川水C	2	3	3	8	2.66

　この河川では河川水A、B、Cと流下するにつれて、平均順位数が1.33、2.00、2.66と増したことになる。なお、全イオンが下流につれて増加する河川では、A、B、Cの平均順位数は1、2、3となる。

　順位数はイオン間での量的大小関係の意味はもたず、あくまでも成分内での大小関係の数的表示となる。しかも成分内では濃度差が大きくても僅かであっても、1の等差数列として配列できる。このことは局所的な大きな水質変化があっても河川全体への解釈に大きな影響を及ぼさず

にすみ、誤測定を含めた局所変化を抑制する働きとなる。また成分間の関係は質量・体積・モル数などの物理量からは離れて、等価な認知強度数として比較できる。イオン認知前の物体として持つ量的関係から、イオン認知後の大小の数的関係へと抽象化される。したがって、平均順位数は成分内、成分間の関係に量的関係から数的な関係への変換が図られてある。

4．河川水の流下に伴う平均順位数の変化からみた河川のパターン別分類

まず上流側の河川水Aと下流側の河川水Cとの関係と、そこでの意味を若干加えてみる。

パターン　1

（Aの平均順位数）＜（Cの平均順位数）の関係；河川水は流下して平均順位数が最終的には増加する関係。

上流部が水に溶解しにくい岩石地帯で、河川水が流下するにつれて堆積性地質が現れ、地下水がイオンを川に運んでくるような場合。さらに下流部で海に近くなり海水からの影響がでてくる場合。このような場合は平均順位数はA＜Cとなろう。

パターン　2

（Aの平均順位数）＝（C平均順位数）の関係；流下しても平均順位数は最終的には変わらない関係。

同じような地質地形の中を流れる河川は上流から下流まで平均順位数を変えない。コンクリート水路の上流と下流では途中での流入がなければA＝Cだろう。あるいは途中でのイオンの流入と同程度の希釈するような流入があれば結果としてA＝Cとなる。

パターン　3

（Aの平均順位数）＞（Cの平均順位数）の関係；流下に伴い平均順位数が最終的には減少する関係。

池や湖の水は滞留水で溶存成分は一般的に高い。そのような水が流れ出て川となる場合、流下に伴い下流域の降水の流入は希釈として働く。A＞Cの関係となる。上流が火山地帯で火山性流出水、温泉などで上流部でイオン濃度が高い場合も同じである。

　次に上流側の河川水Aと下流側の河川水Cに対する途中の河川水Bの平均順位数の関係に注目をする。

　パターン　（1－3）H
　（Bの平均順位数）＞（Aの平均順位数、Cの平均順位数）の関係；河川水Bで最も平均順位数が高くなる関係。
河川水Aと河川水Bの間にイオン濃度の高い支流水が流入する場合、あるいはイオン濃度を高める地域を通過する場合。たとえばA、B間に都市域、盆地、火山地帯、温泉地帯、石灰岩地帯、池・湖などからの流入がある場合。
　パターン　（1－3）M
　（Bの平均順位数）が（Aの平均順位数）と（Cの平均順位数）の間にあるか等しい関係。
水系の流域が先のパターン1やパターン2のような状態である場合。半島のような海水の影響、たとえば波の飛沫などが風で飛散するなどで流域全体に強くある場合。
　パターン　（1－3）L
　（Bの平均順位数)＜（Aの平均順位数、Cの平均順位数）の関係；河川水Bで平均順位数が最も低くなる関係。
上流域や下流域にくらべ中流域が人為的活動が低く、植生も豊かで、かつ水に溶出しにくい地質が広く広がり、支流を通じて流域の降水が多量に流入するような場合。

　パターン1、2、3とパターンH、M、Lの組み合わせから、河川の流下に伴う平均順位数の変化は、1H、1M、1L、2H、2M、2L、3H、

3M、3L の 9 種類のパターンに分類できる。

　河川の上流、中流、下流の河川水を A、B、C として横軸に取り、縦軸に平均順位数を取ってグラフ化して 1H から 3L までの 9 つのパターンを模式化して図 1 に示した。

　先に計算した河川は、A = 1.33 < C = 2.66 でありパターン 1、そして A = 1.33 < B = 2.00 < C = 2.66 であるのでパターン M であり、パターン 1M に分類される河川となる。

5．河川水中の陰陽イオンの起源・由来について

　河川水中の陰陽イオンの由来についてはこれまでにも一部触れたが、次のような起源・由来が考えられる。

　a．海水、b．温泉・鉱泉、c．地下水・湧水、d．湖・池・沼水、e．一般排水、f．工場排水、g．農業排水、h．牧場排水、i．ゴルフ場排水、j．上・下水処理場排水、k．盆地地形での滞留水、l．岩石・鉱物の風化関与水、m．土砂崩落関与水、n．黄砂・粉塵・海水の飛翔物、o．気象環境（温度、湿度、降水状況など）、p．動植物の関与などである。

　一方河川水中の陰陽イオンの濃度は水量変化によって希釈、濃縮されたりする。河川水の水量は流域での次のような事象と関係する。a．降水量、b．降水形態（雨、雪、雹など）、c．降水状態（時雨、豪雨など）、d．大地の保水環境（植生、肌地、被表土など）、e．加水量（加水分解、吸着水）、f．蒸発量、g．取水量（ダム、給水、配水等）、h．漏水量（地下水、伏流水、堤防の決壊など）、i．気象条件（気温、湿度、風力、風向、気圧、日照度など）などである。

　河川水 A、B、C は、上記要因がそれぞれの流域において複合して働く結果、それぞれの陰陽イオン濃度となる。河川水 A、B、C がどのような河川のどのような場所の河川水であるかによって、下流に伴う平均順位数の様子は先に分類した 9 つのパターンのいずれかに分属し、それぞれに意味・内容をもってこよう。

6．日本を流れる河川について、下流に伴う河川水の陰陽イオン濃度変化と平均順位数による９つのパターンからみた

　これまでに採水した日本を流れる69河川について、採水区間と採水時期、そして８イオン成分（Na、NH$_4$、K、Mg、Ca、Cl、NO$_3$、SO$_4$）を用いて、下流に伴う平均順位数変化からパターン分類した結果を表にして示した。なお、採水箇所がm（３以上）の場合、成分ごとに最も低い濃度を順位数１とし、最も高い濃度の試料の順位数はmとなり、各試料で順位数の和を求め、それを８で割って平均順位数を得た。

　表から先の９つの各パターンに相当する河川を選ぶと、次の通りである。パターン1H：津和野川、パターン1M：米代川、パターン1L：芦田川、パターン2H：釜無川・富士川、パターン2M：養老川、パターン2L：市川、パターン3H：天竜川、パターン3M：夏井川、パターン3L：越後荒川。

　表１（173頁）に示した採水地点がそれぞれの河川の採水地点A、B、Cに当たる。３地点以上の場合は複数の３地点があると捉えてもよく、またB地点が複数あると捉えてもよい。

7．河川の下流に伴う平均順位数の変化からみた特徴的な河川とそこでの意味

　6．にて平均順位数を参考とした河川の下流に伴う陰陽イオンの濃度変化の９つのパターンに最も近い河川について、そこにみられたイオン濃度変化の意味を、個々に検討してみた。

パターン1H：津和野川について

　津和野川において津和野駅前、青野山駅前、日原（宝泉橋）の３地点は上流から下流に向けてある。図２に見られるように上流側の津和野駅前より日原で平均順位数が高いが、その中間の青野山駅前で最も高い。その原因は、青野山駅前と津和野駅前の間でイオン濃度の高い鉱泉の湧

The River Yoneshirokawa

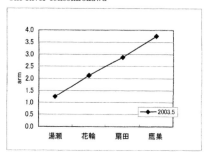

The River Natsuikawa

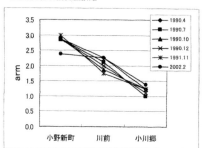

The River Youroukawa

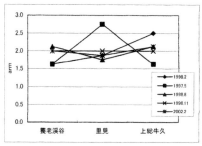

The River Arakawa (·Echigo)

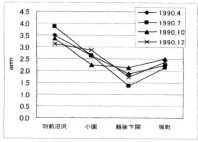

The River Kamanashikawa· Fujigawa

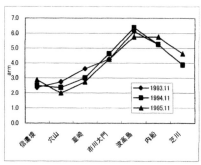

The River Tenryukawa

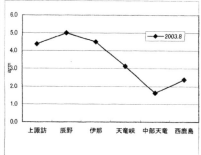

The River Ichikawa

The River Tsuwanokawa

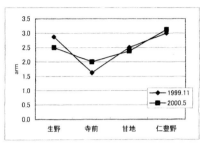
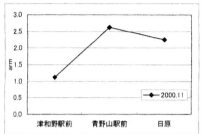

The River Ashidakawa

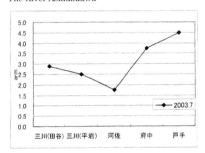

図2　各パターンに近い河川の流れ方向での平均順位数変化

出が見られることと、深く関係すると指摘できる。

パターン1M：米代川について

米代川で湯瀬、花輪、扇田そして鷹巣と上流から下流に向けて4地点で採水した。図2に示したように、平均順位数はこの順序に増している。図3の個々の成分濃度でみるとNH_4とSO_4などは若干下流で濃度が減ずる箇所があるが、概ね下流に向けて濃度は増加している。湯瀬には温泉があるが、花輪 — 扇田間では大湯温泉、大滝温泉などがある。扇田では鹿角市と花輪盆地、さらに鷹巣では大館市と大館盆地が上流に配置してイオン濃度を高めている。このように湯瀬から鷹巣にかけては、イオン濃度を増加させる因子が随時加わっていて、下流に向かって平均順位が増加する典型的なパターン1Mとなることが分かる。

パターン1L：芦田川について

芦田川の上流から下流に向けて三川の田谷と平岩、河佐、府中、戸手の4カ所にて採水した。図2に見られるように、平均順位数は田谷から河佐に向け下がり、河佐が最低となりその下流で上がり、戸手で最高値となる典型的なパターン1Lを示した。田谷から平岩で平均順位数が減ずるのは、その中間で北側から芦田川に流入する支流の矢多田川が、芦田川に比してNa、Caの濃度が高いがK、Mg、Cl、NO_3、SO_4の濃度が低いことによる。河佐でさらに平均順位数が減ずるのはその上流に当たる八田原ダムに南から宇津戸川が流入しダム水を希釈することによろう。府中、戸手へと芦田川が下流するに従い平均順位数が増すのは、府中市の市街地を通ることで、生活排水など人為的な影響が加わるからであろう。

パターン2H：釜無川・富士川について

釜無川・富士川の上流より下流に、信濃境、穴山、韮崎、市川大門、波高島、内船、芝川で採水した。信濃境から市川大門までが釜無川での採水で、その流れは笛吹川と合流し、富士川となってさらに下流する。富士川での採水は波高島から芝川までである。この釜無川と富士川をひとつの河川として平均順位をみると、図2に示したように、中ほどの波高島での値が最高値となりその下流側、上流側で下がっている。図3で

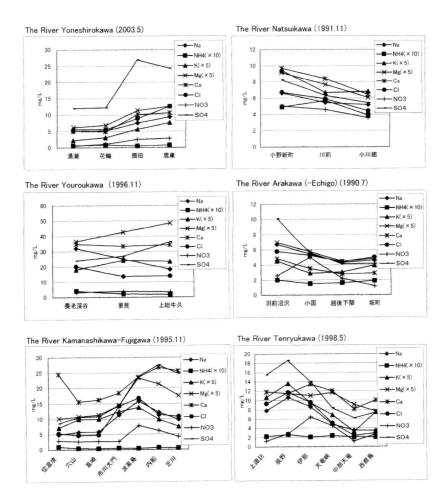

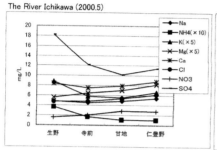

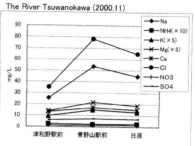

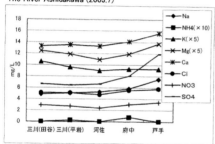

図3　各パターンに近い河川の流れ方向でのイオン濃度変化

示した個別のイオン濃度でみると Na、K、NH_4、Cl、NO_3 で、釜無川の信濃境から市川大門まで徐々に濃度は増加し、富士川の波高島で最も高くなりそれ以降下流にて減少する。波高島での濃度の増加は市川大門で合流する笛吹川に要因を求められる。笛吹川は甲府市を流域とする河川であり、NH_4、NO_3 などの濃度が高く、生活排水による影響を強く受けていよう。韮崎は甲府盆地の入り口に、そして波高島は甲府盆地の出口に当たる。すなわち甲府盆地内を流れる間に、滞留する地下水などの盆地内水を取り込んで市川大門まで平均順位数を上げ、さらに都市排水をも入れた笛吹川が加わり、盆地の出口の波高島で平均順位数は最高となり、その後盆地を出た富士川は盆地外の流域からの水を希釈水としながら、内船、芝川へと平均順位を下げたと解釈できる。

パターン2M：養老川について

房総半島を流れる養老川は養老渓谷、里見、上総牛久の1996年11月26日での採水試料が、平均順位数についてパターン2Mを示した（図2）。図3で示したように、イオンを個別にみると Na、NH_4 は上流に向け濃度を増し、逆に Mg、SO_4 は上流に向け濃度を減じている。このようにイオンによって濃度の増減する傾向が上流と下流で異なっており、そのことが平均順位数をほぼ同じ値とした。採水の五日前から当時までの降水は 0 mm であり、河川水の降水による直接の影響はない。房総半島を流れる養老川と夷隅川の24試料（この3試料を含む）因子分析の結果を通じて、Mg、F、K、SO_4、Ca で特徴付けられる因子を土壌・岩石の風化に、Cl、Br、Na で特徴付けられる因子を海水による寄与、NO_3、Li で特徴付けられる因子を人の生活と関係付けられる因子とした。このことからみると養老川では太平洋に近い上流部で海水因子が強く、岩石風化による因子は下流側で強く働き、その両者の平均として平均順位数についてパターン2Mが成立するものと思われる。また半島固有の海水の影響が上流下流の全流域にあり、そのことが養老川をこの2Mパターンにもたらしているとも考えられる。

パターン2L：市川について

市川では上流より生野、寺前、甘地、仁豊野の4地点で採水した。図

２で示したように、1999年11月に採水した市川では上流の生野と下流の仁豊野でほぼ平均順位数は同じである。その途中の寺前で両者より低い平均順位数を示した。採水時において生野より寺前で河川の流量は増加していた。この生野と寺前の中間の長谷で、北西から支流犬見川が市川に流入する。犬見川はホタルの舞う清流といわれるが、また揚水発電を行う大河内水力発電所が関係する上部の太田ダムと下部の長谷ダムがある。この支流犬見川が生野のイオン濃度の高い水を希釈したとしたい。

パターン3H：天竜川について

天竜川は諏訪湖を水源とする河川である。平均順位数は諏訪湖の上諏訪より諏訪湖の出口に近い辰野で高くなるが、それより下流の伊那、天竜峡、中部天竜では順次その値を減じる（図２）。それは自然豊かな支流からの流入による希釈効果が働くからだろう。その結果、諏訪湖を基点として含めた天竜川はパターン3Hに当たる平均順位数の変化を見せた。なお、中部天竜から西鹿島で平均順位数は若干だが上昇した。これは西鹿島での生活排水などの人為的影響によろう。

パターン3M：夏井川について

夏井川では上流から下流側へ小野新町、川前、小川郷と３カ所での分析結果から、夏井川はパターン3Mとなる（図２）。図３で見られるように、ほとんどの種のイオン濃度が上流の小野新町から下流に向け減じている。1990年に春夏秋冬と季節を変えての調査で、小野新町における NO_3 濃度は6.58、4.15、4.31、5.02 ppmといずれも高く、下流側の小川郷ではそれぞれ4.14、2.19、2.46、3.58 ppmとなる。この時期の小野新町での採水場所である平館橋からみる夏井川は大変汚れ、水生植物も繁茂していたことと、NO_3 濃度が高いこととを重ね合わせると、小野新町での夏井川は生活排水など人為的汚染が強かったようだ。小野新町には温泉があり、それもイオン濃度を高める要因ともなろう。下流に伴い流域からの流水による希釈が下流側での濃度の減少となったと思われる。なお、2003年１月に調査したときは小野新町での夏井川は整備されていて、NO_3 濃度も2.53 ppm、小川郷で1.86 ppmと低かった。ただしNa、

Ca、Cl は小野新町で30.67、12.90、48.53 ppm と高く、小川郷でそれぞれ8.51、9.42、11.59 ppm と希釈されていた。

パターン3L：越後荒川について

　越後荒川では上流から下流へ、羽前沼沢（横川）、小国、越後下関、坂町の4カ所のデータを用いて平均順位数を求めた。図2に示したが、パターン3L を得た。羽前沼沢（横川）の上流部では緑色凝灰岩が分布し、また針葉樹林帯となっていることは SO_4 濃度が高いことと関係するのではと指摘した。羽前沼沢のイオン濃度の高い河川水は、飯豊山を水源とする支流などからの流入で、荒川は羽前下関に向けて希釈され羽前下関にて平均順位数が最低となる。羽前下関は温泉地であり温泉水の混入、新潟平野北部へ出たことでの人為的な働き、地下水の関与などが下流の坂町で平均順位数を上げた要因となっていた。

8．まとめ

　河川水が上流から下流に流下する間に陰陽イオンの各濃度が変化する様子は9つのパターンに分類できる。複数の陰陽イオンをまとめてパターンに分類することは常に定まったパターンに収まらないが、濃度を濃度の順位に置き換えると定まった関係にまとめることができる。濃度の順位は濃度が一番少ない試料を順位数1とし、順次濃度が高くなる毎に1を加えて示す。各イオンの順位数の和を成分数で割った値を平均順位数と定義して、下流に伴う平均順位数の変化を9つのパターンとして模式的に示した。日本を流れる69河川について主要イオン8成分の平均順位数を求め、それら9つのパターンに分類整理した。その中から各パターンに近い河川として、パターン1H：津和野川、パターン1M：米代川、パターン1L：芦田川、パターン2H：釜無川・富士川、パターン2M：養老川、パターン2L：市川、パターン3H：天竜川、パターン3M：夏井川、パターン3L：越後荒川を選び、それぞれの河川についてその意味を個々に検討した。

　河川は自然の中で生きている。採水区間や採水季節などによって、河

川のパターンが変わることは理解できる。そこで表1の各河川のパターンへの分類整理は言うまでもないが、表中の採水区間、採水時期において、そのパターンが各河川の個性の一端を示していることは疑いないものであろう。

なお、本章と表1は次の論文に寄っている。

西山勉（2004）：「日本の本州を流れる河川の下流に伴う河川水中の陰陽イオン濃度の変化とその整理分類について」東洋大学紀要（自然科学篇）、(48)：151–186

西山勉（2010）：「日本各地の河川について、河川水の下流に伴い主要陰陽イオン濃度が変化する様子」東洋大学紀要（自然科学篇）、(54)：167–230

表1　日本各地の河川について下流に伴う水質変化を平均順位数からパターン分類

地方	河川名	採水区間		採水場所数	採水時期	パターン分類		備考
		上流側	下流側			1,2,3	H,M,L	
北海道	天塩川	士別	天塩中川	4	2007.7	2,3	H	美深で最大
	石狩川	川上	江別	7	2007.7	1	L,H	愛別で最小、深川で最大
	斜里川	札弦	中斜里	3	2007.7	1	M	
	釧路川	摩周	遠矢	4	2007.7	1	L	塘路で最小
東北地方（日本海側）	岩木川	弘前	御所川原	3	2003.5	1	M	
	浅瀬石川	板留	川部	4	1991.11	1	M	
	米代川	湯瀬	鷹巣	4	2003.5	1	M	
	雄物川	湯沢	刈和野	3	2003.5	1	(H)	大曲でヤヤ高い
	玉川	船場	大曲	4	1991.4,8,10	3	L	長野で最小
	最上川	米沢	高屋	6	2002.11,2003.5	1	H,LH	大石田で最大
	小国川	羽前向山	舟形橋	3	'91.4,8,10,'02.5,11,'03.5	1,2,3	L	瀬見で最小
東北地方（太平洋側）	閉伊川	川内	千徳	4	1991.4,11	1	M	戸草川井で変化 '91.11
	北上川	沼宮内	登米	5	2003.5	1,2	H	盛岡で最大
	江合川	鳴子	北浦	3	2002.5,11,2003.5	1	M	
	阿武隈川	白河	福島	3	1991-1999	1	M	
	荒川（福島）	土湯	福島・信夫橋	7	1998.11,1999.5	1	M	荒川橋で変動
	夏井川	小野新町	小川郷	3	'90.4,7,10,12,'03.2	3	M	'03.2で変化有
関東地方	久慈川	棚倉	河合	6	'91.11,'92.11,'93.11		H	崎で急増（市街地）、河合で減少（豪雨）
	大草川	上豊橋	豊川橋	3	1996.5	1	M	
	利根川	湯桧曽	羽生	6	1998.10,2001.5	1	M	
	渡良瀬川	関藤	桐生大橋	6	1998.1	1	L	花輪で下がる
	吾妻川	大前	渋川	5	2006.9	3	H	川原湯で最大
	碓氷川	横川	群馬八幡	3	2006.9	1	M	
	鏑川	本宿	馬庭	5	2006.9	1	L	下仁田（東町大橋）で最小
	西畑川・夷隅川	西畑	国吉	3	'98.2,'97.5,'98.8,'96.11	1,3	H,M,L	複雑
	養老川	養老渓谷	上総牛久	3	'98.2,'97.5,'98.8,'96.11	1,2,3	H,M,L	複雑、全て同じか 里見で最大、最小
	荒川（秩父）	三峰口	熊谷	5	2003.2,2003.5	1	M,L	'03.5三峰口異常に高い
中部地方（日本海側）	荒川（越後）	羽前沼川	坂町	4	1990.4,7,10,12	3	L	坂町で海水の影響か
	阿賀川・阿賀野川	山都	新津	3	2006.6	3	L	鹿瀬で最小
	只見川	只見	川井	4	2006.6	1	M,L	川口で若干下がる
	信濃川	小海	新潟	11	2003.9	1,3	L,L	小海—小諸間で中込、小諸—新潟間長岡
	千曲川	小海	長野	4	1998.5	1	H	小諸で最大
	中綱湖、木崎湖・高瀬川	簗場	安曇追分	3	'93.11,'94.11,'95.11	1	M	
	関川	妙高高原	高田	3	2006.5	1	M	
	姫川	犬川橋	小滝	6	'93.11,'94.11,'95.11	1	H	平岩で最大

地方	河川							備考
	黒部川	欅平	愛本	4	2006.5	1	H	音沢で最大
	宮川・神通川	高山	笹津	5	1997.5,1996.11	1	H	坂上で最大
	九頭竜川	角野	福井	6	2001.5,11,2002.10	1	H,L	下荒井で変わる
中部地方（太平洋側）	狩野川	徳倉橋	港大橋	4	1990.12	1	H	河口近くで海水の影響有
	釜無川・富士川	小淵沢	芝川	7	'93.11,'94.11,'95.11	2	H	波高島で最大（盆地、支流）
	大井川	畑薙第二ダム	島田	6	1997.11,1999.5	1	L	千頭で下げる
	天竜川	辰野	西鹿島	5	1998.5	3	H,L	諏訪湖より辰野で大、中部天竜で最小
	宇連川・豊川	三河河合	江島	4	1998.5	1	M	典型的な1M
	木曽川	木曽福島	美濃川合	4	1997.5	1	L	大桑、坂下で下げる
	飛騨川	久々野	古井	5	'97.5,'96.11,'03.8	3	M	飛騨金山で変化
	長良川	北濃	大須	7	2001.5,11	1	L	美濃で下げる
近畿地方	由良川	和知	大江	4	2001.11	1	M	
	円山川	新井	江原	3	1999.11,2000.5	1	H	全体に高い、和田山で最大
	雲出川	奥津	大仰	4	2005.3,2005.7	1	M	
	紀ノ川	上市	船戸	4	2005.3,2005.7	1	M	
	桂川・淀川	船岡	淀	5	2001.11	1	H	淀で最大
	市川	生野	仁豊野	4	1999.11,2000.5	1,2	L	寺前で最小
中国地方（日本海側）	日野川	生山	岸本	4	'99.11,'00.5,'01.11	1	L	生山、根雨でやや下がる
	江の川	三次	川本	6	2003.7	1	L,H	浜原で最大
	高津川	六日市町	横田	4	1999.11,2000.5	1	H,L	柿本の柳原で上げバス停で下げる
	津和野川	津和野駅前	日原	3	2001.11,2003.7	1	H	青野山駅前で最大、三軒家で最小かつ千原で最大
	阿武川	徳佐	小郷	7	2003.12,2007.2	1	H	阿武川ダムまたは船戸で最大
	深川川	渋木	板持	3	'03.7,'03.12,'05.10,'07.2	1	L	深川温泉で最小
中国地方（瀬戸内海側）	高梁川	新見	清音	3	'99.11,'00.5,'01.11	1,2	M,L	高梁で最小、新見で最小も有
	芦田川	三川	戸手	5	2003.7	1	L	河佐で最小
	錦川	錦町	新岩国	3	1999.11,2000.5	1,2	H,M	椋野で上がるか
	厚狭川	於福	厚狭	4	'03.7,'03.12,'05.10,'07.2	1	H	南大嶺で最大
四国地方	吉野川	富永	孔吹	4	2008.7	1	M	典型的な1M
	仁淀川	今成	波川	4	2008.7,2009.5	1,3	M,H,L	2008.7では1Mだが2009.5では乱れる
	四万十川	船戸	佐田	12	'08.7,'08.11,'09.5	1	L,(H)	志和分で最小か、最大は不確か
	広見川	興野々	宮地	3	2009.5	1	MかH	松丸でF,Cl高い
九州地方	筑後川	蜂の巣湖	久留米	8	2009.5	1	M	
	山国川	大曲	上唐原	4	2009.5	2	H	山国で最大だが差は小さい
	山移川	竹弦橋	ダム下流	3	2009.5	3	M	

表 2　平均順位数の下流に伴うパターン分類から見た日本の河川（表 1 から作成）

地方	地域	1 H	1 L	1 M	2 H	2 L	2 M	3 H	3 L	3 M	備考
北海道	日本海側	石狩川**	石狩川**		天塩川*			天塩川*			*2,3.*1.H
	太平洋側		釧路川	斜里川					玉川		
東北地方	日本海側	岩木川・雄物川*	最上川・小国川*	浅瀬石川・米代川		小国川*			小国川*		*1,2,3
	太平洋側	北上川*・荒川（福島）		閉伊川・江合川・阿武隈川	北上川*					夏井川*	*1,2
関東地方		久慈川・西畑川・夷隅川*・養老川**	渡良瀬川・荒川（秩父）***・鏑川	大草川・利根川・雄水川・荒川（秩父）***・関川	養老川**	養老川**	養老川**	吾妻川			*複雑 **複雑 ***M.L
中部地方	日本海側	千曲川・姫川・黒部川・宮川・神通川*・九頭竜川**	信濃川*・九頭竜川**	只見川・阿賀野川・中綱湖・木崎湖・高瀬川・関川					荒川（羽越）・阿賀川・阿賀野川・信濃川*		*1,3 **H.L
	太平洋側	狩野川*	大井川・木曽川・長良川	宇連川・豊川	釜無川・富士川	市川*		天竜川*	天竜川*	飛騨川*	*H.L
近畿地方		円山川・桂川・淀川	市川*	由良川・雲出川・紀ノ川			阿武川				*1,2
中国地方	日本海側	江の川・高津川*・津和野川	高津川*	日野川							*H.L
	瀬戸内海	厚狭川	高梁川*・鏑川**・芦田川	深川川							*1,2 H.L **1,2 H.M
四国地方			四万十川	吉野川・仁淀川（7月）*・広見川							*5月.*1.M
九州地方				筑後川	山国川					山移川	

第三章

つれづれなるままに、河川を語る
── 河川の流れと人の生涯、そしてその先

1. 上流、中流、下流の視点

上流：何処まで遡れるか。「上流」は上流を指す。その起点は「下流」
　　　となる。であって「上流」は「中流」を必要とせず、認識でき
　　　ない。「上流」の上流は果たしてなにか。「上流」が遡るその外
　　　は何かである。「上流」の更に上流があることに意識が移れば
　　　客観視された「上流」となり同時に「下流」が生まれる。そう
　　　いった「上流」と「下流」が対となり「上流」の先、外は何か
　　　の問いはある。それが上流の環境に問う意義であり、下流を含
　　　む循環が意識されれば、「上流」は把握できる存在となる。

下流：何処へ行くか、その先を意識すればそれが「下流」である。
　　　「下流」は「上流」を当然に受けて、必然の力強さがある。河
　　　川であれば下流に海がある。一般的には下流に流れの拡散が意
　　　識できる。必然から無への移行である。新たな流れの始まり、
　　　海流へと繋がり、海から上がる蒸気が上流になびき、降水をも
　　　たらす環境として上流と繋がる環が意識できれば拡散の意味が
　　　生まれる。

そして、

中流：上流と下流があると意識するとき中流が生まれる。中流は常に
　　　上流と下流を同時に意識するときに存在できる。その様子は量
　　　関係でみると9パターンとして存在する（第二章参照）。上、
　　　中、下流の環境はその9パターンが意識できる。人は中流を意
　　　識するとき「上流」と「下流」に新たな意味が生まれる。自然

に「中流」を意識、認識、制御できる間、人間は自然にたくましく生きる。２極構造を構造化する意味必要を「中流」が果たす。

２．川の流れと人の一生

　さて、人は何故か河川の流れに世の中、人生を併せ読む。
「ゆく河の流れは絶えずして、しかも、もとの水にあらず。よどみに浮かぶうたかたは、かつ消え、かつ結びて、久しくとどまりたる例なし」と鴨長明は『方丈記』で、夏目漱石は「智に働けば角が立つ。情に掉させば流される。（略）とかく人の世は住みにくい。」と、川の流れを例示している。美空ひばりが歌った『川の流れのように』は人生の歩みを川の流れになぞっている。

　ここで、川の流れを水質変化と置き換えると、

河川の流れと水質

河川		上流		中流		下流	
環境		A		B		C	
		↓		↓		↓	
水質	→	c(i,A)	→	c(i,B)	→	c(i,C)	→

　ⅰ成分の濃度ｃは上流Ａ、中流Ｂ、下流Ｃと変化していくことが表現された。そして人が青年Ａ、壮年Ｂ、老年Ｃへと年代が移ると、次のように人の諸力Ｐは変化することが表現されよう。

人が発揮できる諸力の様子

年代	青年	壮年	老年
経験と学び	A	B	C
行動力	P(1,A)	P(1,B)	P(1,C)
思考力	P(2,A)	P(2,B)	P(2,C)
適応力	P(3,A)	P(3,B)	P(3,C)
忍耐力	P(4,A)	P(4,B)	P(4,C)
‥力	P(n,A)	P(n,B)	P(n,C)

生涯に発揮できる諸力の順位　低い順から１、２、３

年代	青年	壮年	老年
行動力	3	2	1
思考力	2	3	1
適応力	1	3	2
忍耐力	1	2	3
諸力平均	1.8	2.5	1.8

　このことを川の流れに準えて平均順位数へと移行させると次のようになる。

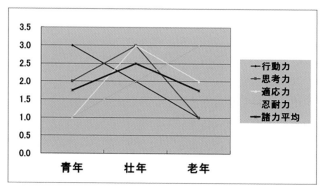

人の意識と活動の強さ

　縦軸は順位と平均順位数である。河川の流れと人の一生のある段階を普遍化させて共鳴し合えることが理解できる。

3. 現在のココからその先からのココを想う

　川に出会うとそこに流れがあり、その流れは山の方から流れて来て海の方に流れて行くのだろう。山の方から来る流れを上流、海に向かう流れを下流とし、川と出会ったところをココとする。ココから石狩川（下写真上）と荒川（埼玉）（下写真下）を写真に撮った。そのまま川が流れる先を想ってみたい。

　アマゾン川の流れに沿った流れの距離は地球の赤道半径より長いようだ。河川の流れは地球の全体を語る事象となる。そこで河川の流れを地球の球上に図示してみる。地球規模で見たとき地表面は丸い円となる。そこで流れがそのまま真っすぐ進む場合と地表面を曲がり沿って流れる場合とを考えてみる。前者をA、後者をBとして図示した。

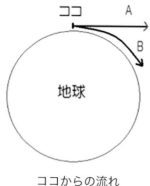

ココからの流れ

　Aの場合流れの先に雲が見え空に出る。すなわち河川の流れは海に入り、海水面から蒸発した水蒸気は空となり、高所に至って雲を生み、雲は流れて陸上に降水をもたらす。山に降った雨は、河川の上流域の水源となる。そしてココに戻る。ココから流れ出た河川の先に水の循環が意識できる。水の大循環の中に河川は存在していることが分かる。

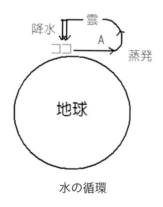

水の循環

　次にBの流れを図示してみる。流れの先はココから離れていくが、地球の丸みに沿って進み球を一周してココに戻る。自分の背中が自分から離れる最も遠い所となるのだ。

地球　遠い先が自分の後ろ

　このことは次のことを気付かせてくれる。ココは現在である。現在の地球規模の問題として地球環境の問題、資源の問題がある。地球温暖化の問題、化石燃料依存のエネルギー問題である。その解決として重要なそして緊急のテーマの一つに太陽光発電とさらに願望となる核融合によるエネルギー供給がある。併せて社会の仕組みの大変革が模索されよう。

　ここではその先に想いを馳せたい。その先は振り返る自然が意識できる。太陽が燦々と輝いている。森があり林があり草原がある。川は流れ水草があり、魚影も濃い。億年を超える地球の営みは太陽エネルギーを受けて水を仲立ちとして生態系が生まれ育てられてきた。百万年単位の前に我々の系統もその中に誕生した。その自然はまだ営々と太陽エネルギーを利用して存在している。つれづれなるままに河川が誘う自然が想える。

　先のAの行き先を更にまっすぐ進むとCとなり、見上げる上空に至るようだ。思考の高まりは宇宙への巣立ちである。井の中の蛙大海を知らず、天の高さを知るに通じると思考が動く。

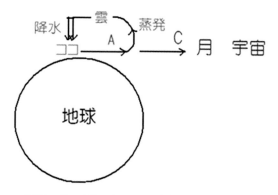

→河川→海→雲→空→月→宇宙　宇宙への誘い

　つれづれなるままに、河川を語った。河川に想いを馳せると流れがある。具体的な河川をここで示したい。日本の地域別に69の河川の水質についてまとめた表を第二章に挙げた。表中の本州の河川へジャックとFITで、コロナ禍の中、河口に向けて旅をした。その折のことは14の旅として第一章で紹介した。皆さんが想いを馳せる河川がその中にあったらうれしい。そして訪ねてもらえたら更にうれしい。
「縁側の日だまりに、猫が一匹気持ちよさそうにまどろんでいる風景……」
　暇ができること、過酷な労働によってではなく、科学と技術の助けによってでもなく、太陽の恵みの中で暇ができること、そしてその暇の中で河川が語られることが、ココから先のココの風景であってもらいたい。
　上流より桃が流れてくる、との桃太郎伝説。上流に住み首を刈られる人の顔の方が、下流に住み首を刈る人の顔よりも穏やかである、との人類学者の観察。打ち出の小槌は核分裂の原子炉までとして、核融合の小型太陽を地球上に作るまでに至らずに、太陽の有難さを享受し続けられたらと、河川は語るように流れている。
　私の、つれづれなる川の話はココまでとしたい。

第四章

河川と河川水

1. はじめに

　河川とは、雨や雪などの降水が地上で集まり、より低い場所を求めて流れ下っているところとでも言えるだろう。降水はその過程で様々な物質や環境と出会い自然と風景を作り出している。水はそこでの主役であって、かつてまだ思考が多く分裂していなかった古代ギリシャ時代にタレスは水を万物の根源とした。地球における水は、人間における血液であり、陸上における河川はまさに人体における血管に当たる。人間を考えるとき血を思わざるをえないよう、自然を考えるとき水を抜くことはできない。　さて、河川と河川水がかかわる様々な事象に接するとき、個々に分析してみたいと思う一方、出来るだけ全体の中で見たいという気持ちにもなる。ここでは、河川とそこに流れる河川水について、その存在と個性、そして我々との関係を概観してみた。

2. 河川

　河川の水は流れている。河川は山という高い地形に始まり海という低地で終わる。その高低の差が河川の流れる根本となり、地勢に沿って河川は流れる。河川から我々は自然の循環する様子を視覚的に学ぶとともに、河川から自然の豊かさもまた恐ろしさも身をもって教えられてきた。

　橋の上から見ると、河水は上流から流れてきて、下流へと流れ去る。しかも、その流れは途切れることはない。更に上流の橋から見ても、やはり川は上流から下流へと流れている。上流に行くに従ってその流量は

少なくなる。ついには川を渡るに橋を必要とせず、股ぐ事も出来るようになり、やがて川は山中に消える。

　河川水は海や湖沼などから蒸発した水成分が凝集し降水し、再び地上に寄り集まって出来た流れであり、実験室で得られる蒸留水が陸上を流れているに近い。したがって、その溶質濃度は海水より淡く淡水といわれる。特に日本の河川は勾配のきつい地形を流れ、かつ流出距離が短いので、河川水の河口までの流出時間は短い。日本の河川は実質的には降水が地下水を押し出しつつそのまま流れ下っていると言っても過言ではない。そのことは、日本を代表する河川である利根川の河状係数（最大流量と最小流量の比）が928であるのに対し、ミシシッピ河、ライン河、ナイル河はそれぞれ75、16、30である（細川ら、1972）ことからもうかがえる。日本の河川水の基質は軟水であって硬水ではない。

　しかし、水は徐々にではあるが岩石をも溶かす。天に始まる降水は大地に接し、その一部を溶かし、それを河川に持ち込む。河川が同じ地質からなる流域を流れるのであれば、河川水の化学成分組成比は上流から下流までほぼ同じと考えられる。支流から合流する水の水質は同じで、本流はただ水量を下流で増す。ここでいま、上流流域が急な傾斜地であって降水は直ちに河川に流入するが、下流流域では平坦地が多く降水が降水後河川水に流入するまでの時間がかかるとすれば、時間がかかる分だけ下流の降水は大地成分を多く溶出するので、下流で河川水の成分濃度は高くなる。また、河川水の蒸発を考えれば下流で蒸発分だけ濃縮する。

　一般に地形は上流では山地だが下流では平地となる。河川の流れは山地を抜け出る中流あたりから弱くなり、微粒子分が沈殿しやすい環境となって、河川の底質は砂質・泥質化する。また下流域は上流域より高度が低いので気温が高く化学変化や生物活動は活発となる。そこで下流の河川水は粘土粒子のような微粒子や有機物質を多く浮遊するようになる。上流から下流へと河川中の溶存成分の濃度や浮遊物がこのように変わることは、上流では透明な清流が下流では濁り色付いていることからも視覚的に直感的に読み取れる。

　水生生物や岸辺に生活する動植物は、河川水を直接あるいは間接的に体内に取り入れ、河川水から有用化学種を摂取し、河川水へは不用物を排出する。かつては人間もそのような一員であったが、今日では特異に際立つ存在となり、河川水からの取水と河川水への排水を生活に直接必要とする以上に大規模に行い、河川本来の流れに対し量的にもまた質的にも大きな影響を与え、さらにその流れ自体をも変えるまでに関与するようになった。

　河川は上流から下流へと水を流すが、その途中を見ると、河川水が河床から地下に抜け出て乾いた枯れ川となった河原もあるし、また逆に河床から地下水が泉としてこんこんと湧き出し急に水が豊かになっているところもある。入道雲から驟雨となって水が滝のように河川に注ぎ込まれている様子を見ることもあれば、河面から蒸発した蒸気が霧となり河川と周りの景色を一体化した幽玄な世界を演出している場に出会うこともある。このように、河川は上流のか細き流れから河口でゆったりと海に流れ出るまで一体の有機体として存在しているが、決して河川水は河川の中だけに収まっているわけではなく、大地、空気、海そして生物と、河川は自然との多様な交流をしながら流れている。飛行機から見る河川は、ただ真っ直ぐ流れているというような直線の姿を見せず、決まって自然と戯れているかのように複雑な曲線を描いて流れている。

　河川の水は運動しており、浸食・運搬・堆積そして混合・分級・溶解の各３作用を行っている。大地が示す動きには地震・地滑り・土砂崩れ・土石流・水流、氷河といった形態がある。一方、盆地、低地、淀み、沼、池、湖、海といった溜りがある。前者が浸食にそして後者が堆積に深くかかわってくる。河川がもっとも得意とするところは運搬作用であろう。ただ単に運搬するのではなく、溶解・分級・混合の作用を及ぼしながらである。

　分級作用とは、粒子の沈降速度が粒子の大きさや比重に左右されるために河床堆積物に粒度変化が現れることであって、底質に変化をもたらす。礫質、砂質、泥質の河床変化はそこに住む生物相の多様化に寄与する。また洪水時など土砂が混合してできる氾濫原は肥沃土となり、大地

に活力を提供することもある。

　水は多くの物質を溶解する。海水が生物誕生の母液であると言われるように、多くの元素を含んでいるのも、河川が陸の成分を溶解し海に提供した結果である。逆に海は河川なる触角を使って陸の様子を探っているとも言える。海から見る陸は、果たして魅力ある滋養成分を送ってくれる存在であり続けるのか、それとも単に濁り水を流し込み、海を死に追い込む存在となってしまうのか気がかりなところであろう。かつて、海の化学組成は現在と同じような河川水中の溶存成分が集まり濃縮した歴史的結果であると考えられた。もちろん現在でも河口から海に注ぎ込む河川水は海にその化学成分を確実に移すが、それで遡れる海水以前に原始海水があったと考えられている。それは酸性の HCl 水溶液体であり、その原始海水が地殻の岩石としてあった玄武岩に接触し生じた化学変化が現在の海に通じる進化のスタートと考えられている。そして、現在の海水は、人間が地底から汲み出す石油による汚れや河川から流れ込む人間の生み出す新規物質に翻弄されはじめている。大気、河川水 — 海水、そして土と、地球の表層は人間によってだいぶ攪乱され、いじくり回されている。そのような混沌への一因を河川は背負わされて海に流れ込んでいる。

3．河川水の化学組成

　河川水はもちろん化学的には水分子（H_2O）が主成分である。水分子は集まり液体の水となる。水の中で水分子は4配位の構造を部分的にもっている。水温が低くなるとその部分（クラスターという）が増える。氷はその部分が全体に拡がった構造であると解される。溶解成分のイオンが水に入るとイオンはその周りの水の構造を崩す。その様子はイオンの性質（イオン半径に反比例しイオン電荷に比例する）が強い場合は水の構造を壊すだけでなくイオンの周りに新たな構造が作られる。有機物などの疎水性分子が水に入ると水構造がもつクラスターが疎水性分子への収まりがよく、かえって水構造の体積減が生じる。水構造が炭化

水素分子を入れる隙間をつくる過程が疎水性水溶液の特性となっているという（荒川、1989）。河川水においてもミクロ的に見ればそのような水分子からなる水の構造があり、河川に特有な溶存成分が水の構造を新たに作り変えながら河川水はマクロ的な重力の作用で流れが生じていることになる。溶存成分による水構造の改変は、水の粘性などに影響し、河川の流れや侵食力などに関係するだけでなく、そこに生活する生物にも様々な影響を与えるだろう。例えば、我々がおいしい・まずいといった水の味はそのような水の構造と深い関係があるという。

　水のおいしい・まずいは個人の判断によるのであって、生まれ育った土地で飲んだ水の味やその時の体調など個人的な生活背景によって旨さは異なるのだろうが、化学成分から見ると好まれる水は 1 ℓ に対しミネラルが100 mg（100 ppm）ぐらい、その内カルシウムが50 mg 前後含まれる水であるという（小島、1985）。表 1 にスーパーで販売されていた 2 、3 の銘水と朝霞市の水道水の化学組成を示したが、日本の水はやや淡泊のようだ。ただ、朝霞市の水道水で硝酸イオンが高いのは、水道源水が人為的に汚染されているためと思われ気掛りだ。

表 1　河川水、湧き水、銘水、水道水と雨水の化学組成

（単位：ppm）

採水試料	Li +	Na +	K +	NH4 +	Mg 2+	Ca 2+	F -	Cl -	NO3 -	SO4 2-
河川水（夏井川1)）	0.01	6 28	1.62	0.24	1.49	8.00	0.08	5.49	2.19	6.40
〃（荒 川2)）	0.00	4 58	0.79	0.19	0.96	2.90	0.09	5.00	1.19	4.15
〃（信 濃川3)）	0.02	11 29	2.4	0.08	2.95	11.06	0.00	13.20	3.98	17.80
湧き水（柿田川源泉4)）	0.00	8 69	1.55	1.24	4.20	10.79	0.00	5.42	2.52	13.67
銘水（富士ミネラルウォーター5)）	0.00	26.23	0.54	0.05	1.22	26.80	0.00	19.38	2.01	66.54
〃（秩父源流水6)）	0.00	3.01	0 65	0.09	1.13	16.50	0.00	0.72	3.20	9.57
〃（evian7)）	0.00	6.03	0.97	0.23	25.40	75.00	0.00	4.04	3.77	11.09
水道水（朝霞市8)）	0.00	12.12	2.61	0.05	5.50	12.20	0.00	11.53	14.48	29.56
雨水（朝 霞市9)）	0.00	0.18	0.21	0.22	0.00	0.16	0.00	0.14	0.00	0.00

1 ）福島県いわき市小川町、1990.7.19 採水。2 ）新潟県荒川町荒川橋、1990.7.20 採水。3 ）新潟県新潟市信濃川大橋、1990.7.21 採水。4 ）静岡県駿東郡清水町、1990.1.23 採水。5 ）1990.7. 購入。6 ）1990.7. 購入。7 ）1990.7. 購入。8 ）朝霞市岡、東洋大学朝霞校舎 2 号館実験室、1990.10.30 採水。9 ）朝霞市岡、東洋大学朝霞校舎 2 号館中庭、1990.10.30、20:45〜21:35 採水。

ところで、雨水が汚く、泉がきれいと思うのは一体何故であろう。表１に雨水と湧き水の化学分析値を示す。明らかに雨水より湧き水で成分組成が高い。雨水は化学的には純水に近い。２、３の河川水の化学分析値も表１に示したが、河川水は雨水より湧き水に近いことが分かる。雨水が地の凹みに集まり濁った水溜りを作るのに対して、泉からは澄んだ水が絶えずこんこんと流れ出す。成分的に見れば、明らかに雨水の方が泉の水より化学的な純水に近いのだが、泉のその澄んだ姿が濁る雨水よりも純粋だと錯覚させる。また雨水が化学的により純粋であるがため飲み水として旨味を欠き、生理的に飲み水として合わないので、泉より劣った水と思うのかも知れぬ。

　ここで河川水の溶存成分は、どのような要因によってその濃度を変えるかを見てみる。まず雨、雪などの降水についてである。雨、雪はその成長時に大気中の塵や塩を核に持つとされており、当然それらの可溶成分は降水成分になる。大気中の塩は主に海水からもたらされる。海水の波しぶきは空中に飛散し風に乗り、内陸部へと運ばれ、降水成分となったり水が蒸発し乾性降下物となって降下したりする。従って海の近くまたは海からの風が強いとき、大気中の塩分濃度は高くなり、そこでの降雨は可溶成分を多く含む。なお、その時の大気中の塩分組成比は海水成分のそれに近い。一般に岩石中の塩素濃度が小さいので、河川水中の塩素成分は河川水の溶存成分中で海水起源が占める割合を知るのに有用である。

　降水は地上に到達して河川水に流入するまでに大地成分を溶解し続ける。岩石の水に対する抵抗性は岩石を構成する鉱物の水に対する抵抗性に帰せられる。古くは Goldich（1938）が鉱物の風化に対する安定度序列を Bowen の火成岩中の鉱物の晶出序列の逆として与えた。今日その序列が正しく成立するとは考えられていないが、鉱物間に風化変質作用に対する安定序列があることは事実である。鉱物が水によって溶解する反応は複雑である。ある場合はその鉱物が完全にイオンや錯イオンとなって溶解する。石灰岩などはそれに近い。また、ある場合は部分的な溶解、すなわち、水によって鉱物の一部の成分は分解され溶解される

が、他の場合は固相として残るような現象が起こる。そのような水との反応で残留する固相としては、ハロイサイトやカオリナイトのような層状珪酸塩である粘土鉱物や水酸化物、水酸化アルミニウムなどがよく知られている。さらに、ある場合は鉱物中のあるイオンはそれに接する水中の他のイオンとお互いの位置を交換する、いわゆるイオン交換が行われる。それらの反応速度は水の性質（たとえば pH や Eh、溶存物質の種類と濃度）や鉱物の粒度、形態、それに環境温度に影響を受け、また時間経過に従って反応は進行する。狭い意味での地質に応じた河川水組成が誕生する。

　生物も河川の成分濃度に関与する。生物は生きては河川水と交渉し、死しては身を物体化し河川水に預ける。水質は水棲生物にとっては絶対的なものであり、その変化は種の存亡に直接影響する。逆に見れば、河川に生息する生物から河川の水質が診断出来るわけである（森下、1977）。陸上植物の場合、春から夏に成長し秋から冬に枯れるという季節変化がある。それに伴う河川水への可溶成分の移動も前期では河川水から植物体内に吸収され固定され、やがて後期では植物体から分解され水中に流出される。一般に森林土壌を通って河川に入る水質はその水量にあまり影響を受けないようで、森林土壌は水質調整に機能しているようだ（堤、1987）。

　生物が河川に生息していることは当然河川中に酸素が溶けているわけで、Henry の法則に従えば空気成分はその分圧に応じて河川水に溶けている。なお、溶存酸素量は温度とは逆の関係となる。一般に河面は波立ち空気と接触し内部へも常に流動撹拌されているので、河川水は水棲動物にとって十分に溶存酸素のある状態である。流れが弱く底質が有機分に富んでいる河川では、夏の渇水時など溶存酸素が少なくなり魚が呼吸困難で浮くことはある。ダム湖などで表水層と混合しない深部は、プランクトンなどが沈降し分解する過程で溶存酸素を消費するため、無酸素状態となる。無酸素状態でも生活する生物はいる。嫌気性バクテリアは還元環境で生活し、硫化物質を分解し鉄、銅、亜鉛などの金属イオンを溶出したりする。

人間は河川水を直接生活に使う以外にも、農業・工業に動力・発電に積極的に利用してきた。そして、使った後は廃水として、そのまま河川に捨てていた。その結果が河川の水不足と河川に汚れをもたらした。もはや"水に流す"ことはゆるされなくなった。今日工業排水は各事業所において水質の管理を行うよう義務づけられているが、それでもしばしば問題は起きている。排水として直接河川を汚濁する以外にも、たとえば工場内で漏洩したトリクロロエチレンなど塩素系化学物質が地下に浸透し地下水に入り込む問題もある（吉田、1989）。農業で使用される肥料や農薬も使用量や使用法を誤れば河川水への影響は強く現れるし、一般家庭で使用する洗剤も河川の水質に影響を与える。最近ゴルフ場で散布される殺虫剤の河川への流入が問題となっている。現在、日本では一般下水は窒素やリン成分を取り除くいわゆる3次処理がされずに河川に放流されている。この関係で河川の富栄養化の問題はなかなか改善できず、今後も大きな問題として残ろう。先の朝霞市の水道水もその例である。

　石油・石炭など化石燃料の燃焼に伴い大気中に排出される炭酸ガスは温室効果をもたらし、地球の温暖化に影響を与えるとされるし、亜硫酸ガス、窒素の酸化物などは大気汚染となって我々の健康を直接害する成分となる。また、それら成分は降水に溶けていわゆる酸性雨となり、自然環境を破壊することは、今日地球規模の問題の一つとなっている。酸性雨は、それらのガス成分が炭酸、硫酸、硝酸などに変質して降水中に溶けて酸性の強い雨となることで、pH 4 と酸性食品のレモネードに匹敵する酸度となる。ただ、炭酸は酸性雨では注視しない。日本の雨のpH は、降雨加重年平均値で4.4〜5.3で、中部、北部ヨーロッパの4.0〜4.9よりまだやや高いようだ（植田、1989）。強い酸性雨そして酸性霧は樹木を枯らし、土壌を酸性化して栄養塩の溶出を進め、土壌生態系の崩壊をもたらし、岩石を露出させたり、風化作用を急速に早めたりする。そのような降水が続けば、森林は枯落し、湖沼は硬水化し、魚介類などは棲息できず、河川への土砂の流入は増し、流れは懸濁しよう。

　大気中に浮遊する様々な乾性降下物も、地上に落下後降雨によって洗

い流され、河川に流入する。降り始めの降雨が成分濃度を高くするのは、大気中の浮遊成分を取り込むためだ。海水が直接河川水に混入し化学組成に影響するのは、河口近くで特に満潮時の混入である。海の近くでは海水の地下水への浸透があり、そのような地下水を介しても海水成分は河川水に送り込まれる。また地下に浸透した海水は地熱によって温められ、温泉水となって河川に流入することもある。

　泉や鉱泉さらに地下水は無機溶質の富んだ水であり、河川に流入すればその水質に大きな影響を与える。強い酸性の温泉湯、たとえば秋田県の玉川温泉、群馬県の草津温泉では下流で魚が住めないほどの影響を与える。地熱発電に使われる熱水は溶質成分の濃度が高くかつ重金属イオンなどの有害成分が含まれ、そのまま河川に流せば大きな被害が予想される。このような場合は、エネルギー・資源的意味からも、利用し終えた熱水は再び地下に還流されている。なお、我々にとって有害成分は量的な扱いが必要である。多くの元素、例えば有毒と言われる砒素も、微量成分としては我々にとって必須成分である。逆に水成分以外を含まない純水は、いくら飲んでも体が必要とする元素を摂取できず、欠乏症を我々にもたらす。またある元素は河川中にごく微量しか存在しなくとも、そこに棲息する魚介類には食物連鎖の結果として濃縮する場合もある。

　湖沼の水は、滞留時間が河川水より永く、岩石から溶質の提供を多く受け、また湖面からの蒸発濃縮もあり、河川と比較すると溶存成分の濃度は高い。従って湖沼を水源とする河川水は高い成分濃度を示す。

　一方、河川水中の溶存成分は沈殿物として除かれたり、粘土など微粒子に吸着されたり、イオン置換や生体により吸収されたりして河川水から除かれもする。また、有機物質などは微生物の働きで分解され除かれる。これは河川の自浄作用と言われる。沈殿物は河川水の水質が酸化から還元環境に、また酸性から塩基性状態に変わるなど、その物質の溶解度積の大きく変わる環境に移って生じたり、温泉水が流入し過飽和状態となったり、河川水の蒸発により濃縮したりして生じる。例えば、地下水で2価状態の鉄イオンは、地表に出て空気に触れ酸化されて3価に変

わり、水中での溶解度積が下がり水酸化物として沈殿する。

　河川水には浮遊物もあり、懸濁したりもする。浮遊物は大地を河川水が物理的に侵食した土砂であったり、火山灰や黄砂などの空からの降下物であったり、生物体や腐食物であったりする。これらは流れの淀みで沈殿したり、水質が変化する場所にて凝集沈殿し河底土に移化したりもする。

　河面やしぶきあるいは河原の水気から水分子は絶えず蒸発して、河川水の不揮発性成分は濃縮する。乾燥地帯の河川ではそのような濃縮が顕著となる。それに対し雨水などの降水は河川水中の溶存成分を希釈する。

　水成分の同位体は、水素原子で2種、酸素原子で3種の安定同位体がある。これらが作る水分子は9種となる。それら同位体は天然水でその存在率を若干異にし、水循環に関する追跡成分として利用できる。蒸留の過程を経る毎に軽い同位体成分が増し、北極の雪は軽く、赤道付近の海は重い水となる（北野、1969）。

4．河川の個性

　雨は大地をぬらし、水は流れに集う。そして地勢は川を生み、河川は地形を変える。各河川はその生まれ育った固有の環境に負った個性を持っていると共に、上流は下流の、また下流は上流の環境にそれぞれ影響を及ぼす。河川の個性は環境に対して独自の働きかけもする。瀬があれば淀みがある。瀬は石を生み、淀みは土を生む。清流があれば濁流がある。清流は光を通して底を明かし、濁流は岩を隠し用心を諭す。河川は後背地が岩山であれば潤いを、森林であれば明るさをもたらすし、田園には調和し市街地では変化を与える。川は静けさには水音をもって、そして河は喧騒には静寂でもって答える。さらに、河川は洪水によって新たな流路を求めたり、火山灰や溶岩また土砂崩れなどによって塞き止められて、その形態・その生態を大きく変えたりし、新しい環境をそこに生むこともある。

　キラキラと光を返す河面の水は常に確かにそこにある。しかし、それは流れてきて去っていく水であって同じ水がそこにあるわけではない。河面に浮かぶ泡は流れ去るのである。河川水は常に流れてきて流れ去る。このように河川は移ろいの感を強く抱かせる。しかし、海に出た鮭が惑わず故郷の河川に戻るのも、またふと岸辺に映った木立がはっきりと在りし日のかの川を想い起こさせるのも、各々の河川がその水に周りの自然をしっかりと映し取り、個性として宿しもっているからに違いない。鮭が生まれた河川に戻る一因は、稚魚の時過ごした河川の水質を嗅覚で知ることにあるようだ（プラット、1975）。我々にとっての河川は、水が流れてそこにあるというだけでなく、河川の水が流れ続けそして受け継ぎ育てた個性を折々に我々に気付かせ、自然と共に生きているという共感を呼び覚ましてくれる存在としても重要である。

　自然界に人間が強く働き掛けようとする行為の一つに、絶滅の危機にある生物種の保護の問題がある。一般論としては、生物種間に生存権の優先順位はない。自然法則としてダーウィンの進化論を見ると、自然淘汰される生物種は存在する。では、絶滅の危機に瀕している生物種は自然淘汰されかかっている生物種と言い換えてよいのだろうか。ここで問題とするのは人間の行為に関することである。人間の行為は自然淘汰の中にどのように位置づけられるかである。人間の行為も自然法則の適用から免れるものではない。しかし、各生物種は自由意志によって様々な経路を経て、自然法則に則って生きることがその種の本性の筈だ。それなのに、ある生物種は人間の故意によって絶滅を強いられ、またある生物種は珍しいという理由で自然から隔離され、その絶滅を人為的に食い止めようともされる。このような作為によって生物種がたどる経緯は生物自らが選ぶはずの運命とは大きく異なってこよう。それまでも含めて自然淘汰であると言い切る驕りはあってはならない。

　この問題は河川とて同じである。

　河川が生成し、やがて消滅することも自然法則の定めであるが、そこまでに至る経緯は河川の本性の中にある筈だ。その本性に人間が大きくかかわり、その運命を大きく変えることには十分注意する必要がある。

河川がそこにあり、河川があることによって自然が成り立ち、その自然のなかに河川があるというように、河川は自然との間に幾重にも累重した依存関係が成立している。そこで、人間が河川に対し人間の都合をのみ全面に立てて措置することは、河川を自然界から遊離させ、河川にそこに棲息する生物を含めた自然が成す社会・構造に新たな緊張・歪みをもたらす役割を負わせる危険がある。と同時に、その行為によって河川が蒙る自然との累重関係からの乖離は、人間自身をもますます不自然という不幸の道に迷い込ませる恐れのあることを強く意識する。

　町中などで川が、単に水を流すための溝として改修されている姿を見ると寂しい。かつて、そこに河童が住み得た淵があったであろうし、きれいに堆積した玉石の上を心地良く水が水音を立てて流れていたはずだし、またきっとその岸辺では涼しげな陰影を投げる木立の根本に水が戯れ遊んでいたに違いない。そのような風景多きところが、今やコンクリートの壁で外界から遮断され、コンクリートで唯まっ平らな底が作られ、その上を水は音も立てずただひたすら流れているのである。そこでの川は周囲に働き掛ける自由を完全に奪われている。人間の都合によって物質的な構造物としての一面だけが求められ、単に水が通る器とされている。水は自然のなかの女性的要素と感じられてきたが、19世紀になって水は裸婦像と新たな関係を生じたという指摘（イリイチ、1986）がある。だが、コンクリートの溝となった河川には裸婦は下りてはこまい。そのような殺風景な溝的河川にも擦り込みの原理によるなつかしさは生まれてこようが、自然が宿す美しさは生まれてはこないだろう。

　河川を改修する目的は様々であろう。そしてその個々の目的に応じた一応の答えはあろう。だが、これまでの解答はいずれも機能的、効率的、要素的、物量的解答であったように思われてならない。すなわち技術的解決に留まるのである。しかし、「全体に目を配らない科学技術は、目先の効果を生むとしても、一方で手痛い副作用をも生む可能性があります。」（後藤、1986）という意味は田中正造（1911）が日記に書いた「古への治水は地勢による。」と重なるが、それと共に、これから求められるものはその科学・技術的解決を超えたものである筈だ。水は谷

を刻み、滝となり、森を潤し、瀬を作り、光を反射し、河川に美しさを育んできた。水は美を求めそして自然界に豊かさをもたらした。河川改修はまた美を創造する行為としての意識が求められよう。それは古き自然に返れと言うのではなく、自然を息吹かせ、自然に豊かな風景を呼び戻すのである。それは環境との調和はもとより自由への解放であり、そして河川の個性を呼び起こすことである。そのためには河川が水循環の一環をなしていて、しかも水循環は自然界の活動全てにかかわると強く意識することである。河川改修が安易に水を能率よく通す器を造る行為として科学・技術的対応に任せてしまわずに、河川改修の意味を解きほぐし、どのようにしたらそれらを超える河川となり得るかを心して検討することである。すなわち、河川を自然のシンボルと位置づけ、自然の風景が失われた都市においては河川に自然美の演出者としての役割を積極的に与えることなどが肝要となろう。

　自然の川では流路の真っ直ぐなものは少なく（高山、1986）、河川は直線より曲線を好むようだ。そして、小さな河川の堤防は車道ではなく歩道が似合う。

　河川の地下水への還流は自然との交流という意味でも見逃してはならない。その意味で、地下浸透型の側溝は優れていて自然への配慮がうかがえ、舗道に通気性ブロックを使用すると、そこに側溝 — 舗道 — 大気そして側溝 — 土 — 地下水への小さな水の部分循環が見えてくる。小さな循環は大きな循環の始まりである。その循環の中に安心して生活できる場が重なっていなければならない。

5．河川の利用

　各地に旅すると、大抵の都市には必ずと言って良いほど、大きな河川がその街中を流れている。如何に川が、人間の生活にそして集落にとって、欠かせない存在であったかの証拠となろう。物の運搬・交易路として、また生活水や農業用水として河川を利用しながら都市が成立し、洪水などの危険を避ける治水の努力をしながら都市が発達した。しかし、

今日の自動車道路が完備され上・下水道の行き渡った都市では、特に河川を都市成立の必須要素としなくなった感さえ抱かせる。かつては陽の当たる道として河川に表を向けて立ち並んでいただろう家屋が、今日では河川に背を向けて立ち、河川は汚いものの通る陰の道となり下がっている所さえある。さらに、川に蓋をして埋め立てられて道路となり、どんどん川の姿が失せている所もある。だが、そのような都市では緑の消失も進み、街に潤いが消えて、やたら乾いた不自然な光が夜にのみ輝いているようにも思える。そこで、街の中にこれ以上自動車を通そうとする行為から離れ、川の水を街に流す努力をしてはどうだろうか。川が流れている状態を自然がそこから溢れていることと等置し、都市では河川を自然と対面・対話する場として積極的に活用する企画が頻繁になされるとよい。

　幹線道路では交通渋滞がしばしば生じるが、大橋の欄干から眺める大河は意外と静かで行き交う船影も見えず、ただそこには濁った水がゆったりと流れているだけといった状況が多い。概して、日本では交通路・運搬路としての河川の役割は、ほとんど失われているようだ。ダムや堰の存在が交通路にとって大きな障害となっているとは思う。この活用の場として忘れやられているかのような河川の水路と河川敷を含めた空間は、今後も慌てた開発をせず、なるべく自由な空間として大切にし、遊びながら自然に親しめる場として、また緊急時などのために活用できる場として、温存したいものである。

　水利用と水の貯溜の問題は、自然とのかかわりの中で考察する必要がある。根本的には家計におけるやりくりと同じで、収入と支出の問題に突き当たるが、重要なことはそのやりくりの中で、どれほどの喜びが生まれるかである。収入の基本は気象事象としての降雨であり、そして流入環境としての地形地質（生態系を含めた）事情である。与えられた地域がいかなる季節にどのような降水となるか、そしてそこはどのような地形でどのような地質であるかである。

　降水についてみると、日本は恵まれた水環境にあると言える。なぜなら、日本に降り注ぐ太陽エネルギーは平均で$3000\,\mathrm{kcal}/(\mathrm{day \cdot m^2})$であ

り、これを全て水の気化に費やすと203 g/cm²の降水量を賄う水蒸気を生むが、日本の年平均降水量（世界平均の2.5倍）は実にその9割に相当している。日本は、降り注ぐ太陽エネルギーの全てがそっくりそのまま水循環に振り向けられているような、豊かな水環境にあるのである。

　他方の支出は、その全てを本来の河川が消費して良いものであるが、その配当をあてにした人間が待ち構えている。上水用に、灌漑用に、工業用に、そして発電用にである。しかも、それぞれがそれぞれに独自の水利用の背景を持っている。そこで、それらの水利用に対して、出来るだけ本来の河川の自然を損なうことの無いように水が貯溜され、全てに満足が行くよう調整されて河川水が分配されるのであるが、それは至難の業のようでもある。しかし、水資源に関しては極端な異常気象がない限り、先に示したように世界でも日本は恵まれた環境にあり、本質的には調整可能な水環境にあるはずなのである。玉城（1979）は「水問題に危機的な状況が生まれつつあるとすれば、それは政治的・社会的・経済的な意味でしかない。自然の脅威ないし自然の限界が問題なのではなく、自然を脅威たらしめ、自然の限界を露呈させるにいたっている人間活動の側に問題がある」と指摘しているが、まさに日本の場合は根本的にはその通りであろう。

　河川水の貯溜の筆頭はダムであり、河川を堰止められて造られる。ダムは水力発電、灌漑用水、工業用水、飲料用水などの利用目的をもって水を貯溜する他、洪水調節として重要である。溜池や水田は、ダムが河川を直接堰止めて水を溜めるという意味ではダムではないが、水を溜めるという意味では小型ダムである。水田は大変優れた水利用と言われているが、稲作農法の改革や食生活の変化、更にいわゆる米自由化の問題など水田の行方は気がかりであり、総合問題の一つになろう。水資源確保に対し森林の果たす役割は大きく、森林は緑のダムとして機能するとされ、森林伐採は水資源の視点からも注視する必要がある（富山、1974）。降雪地帯での積雪は水の貯溜に当たる。都市では高価な土地を多角利用するために地下への水貯溜も試みられる（高橋、1988）。平地において水を地下に貯溜することは水循環の中に人為的行為がどの程度

機能できるかの試みとなるが、失敗したときの混乱も大きく最小限に止めるべきであろう。

　河川水を利用するための行為は、少なからず河川と交流関係にある自然に新たな波紋を与える。例えば、ダムの建設は水没地域を拡大しそこでの生活者の生活場を奪い、ダム水の滞留と富栄養化はそこでの生物の生活環境を大きく変え、水の懸濁化は下流の環境・風景をも変質し、ダム底土の堆積はゆくゆく河床変質にまで進む危険を孕み、さらにダム深部の水温は周囲の河川水より低くそのダム深水の放水は下流の生態系に影響をも与える。ダム、堰が河川の流れを止めること自体が、河川に最も根本的な影響を与える。なぜなら流れを失った河川は最早河川ではなくなるのである。

　今夏（1990年）の東京は利根川水系のダムが渇水状態となり、かなり深刻な水飢饉の心配が新聞・テレビで報道された。水利用の工夫は古くして新しい重要な問題である。河川の水利用の基本は流域を一つの系とするが、その上で、流域外との間にも時間的季節的考慮がなされての水利用の関係が成立し得る。水の経済的価値の算出によっては、水資源として河川水は流域と流域外との間に富の再配分をももたらすような大きな力となる。そこで、上流地域と下流地域、および水源地と消費地の利害関係がしばしば発生する。その際に、水資源を自然から切り取った物質として扱うのではなく、どこまで自然に即した状態のままに河川水として扱えるかが、これからの社会では強く問われてくるだろう。ダムを造り、長大な水路システムの中に水を完全に治め一元的に管理支配しきろうとする行為とは別に、地域によってこれまでのように水源を溜池的に自然の中に分散し、河川水を地域の自治管理の下に委ねていこうとする方向も重要となろう。その公正な運営を支えるための水利用と水排水に関する新しい価値基準の創設と、各自治体間でのより広い地域を座視した文化的・社会的・経済的かつ具体的な働き掛け合いが待望される。

　水管理について見れば、水貯溜についての予測的調節管理が重要となる。たとえば、長期天気予測に基づく入水量の予測、また長・短期的な

経済・社会動向に基づく水利用の形態と量的推移の予測などである。い
わゆる朝シャンや潔癖症による個人的水利用、洗車や散水がどこまで影
響するか、中東でのイラク・クウェート問題に端を発した省エネルギー
の気運がどこまで水利用に波及するかなどの予測が必要となろう。今夏
の利根川水系での水飢饉も、水管理において避けられるとの議論もある
（水問題研究家グループ、1990；島津、1982）。管理の重点をどこに置く
かによって、管理される水の動きは当然変わる。河川流量を安定化する
ように放水量を管理するのか、それとも上水用水源としていた十分な水
量が確保されるよう河川水の貯水量を管理するのかによって、結果とし
てのダム水の貯溜状態は大きく違ってくる。管理では何のために管理す
るかが明確になっていなければならないことは言を俟たないが、その目
的自体に多重構造が考えられる。そこで目的が何かある事柄のみに縛ら
れた固定的管理から、状況に応じて目的内の重要事項を選択的に優先す
る選択的管理に移行し、さらにゆくゆくは、目的がもつ多重構造に則し
て多面的に行う総合的管理へと移行しよう。そして、その方向に河川の
自然態を見るべきだ。
　ともすると、ある行為が一つの要因によって進んでしまう。例えば、
景気調整のために公共投資がされる。公共投資は土木工事に振り向けら
れ、河川の改修工事が行われる。あるいは、地域開発を狙っての工業団
地の開発が計画され、その工業用水確保のためにダムや堰の建設や水路
の拡張などが進められる。このようなある一つの要因に強く押されて水
利計画が推し進められると、その目的達成が先行し、その他の要素が切
り捨てられる恐れがある。水利とは何か、との深い根本的同意が置き去
られる危険がある。すなわち、自然の貯溜能力に基づく貯水計画と利用
者の文化・社会・経済動向に基づく必要圧との間にたゆまぬ往復と計画
の見直しとがされないままに、目的達成のために古き規準に沿った見透
しの狭い場当たり的な計画が進んでしまう恐れである。取るべき一つの
行為は、節水型の社会か豊水型の社会かの選択（山口、1990）ではな
く、両者の拮抗を如何に自然を含めた全体のなかで調和できるか模索
し、そのなかから熟れ出た案を採択することであろう。

6．おわりに

　自然がもたらすより大きな事象は、個々の河川のそして人間の行為を飲み込んでしまうだろう。その場合、ただひたすらその過ぎ去ることを待つしかない。抵抗してもかみ合わずして押し潰される。かみ合ったと思っても、すでにその主体はそこにない。ならばどうするか。行為によって表現した結果にあまり拘泥しないことである。特にその結果が物質的な構築物についてならなお更である。そこで人間においては反省をし、自然を克服しようとするのではなく恐れ敬い、河川を自然に返し、新たなよろこびのある自然の風景を想い思うこととなろう。そうならないように願いたい。

　本章は、西山勉（1991）：「河川と河川水」東洋大学紀要教養課程篇（自然科学）、(35)：19-31をほぼそのままに引用し、1990年にタイムスリップした河川への旅となった。

おわりに

河川を眺めたら、その先に豊かな海がある筈だとしたい。

あ と が き

　かつて母を輪番介護した折、何か食べたいものがあるかを問い買い戻った。目当ての物と違ったのか母から「これ自分が食べたかったのでしょう。いつも自分勝手なのだから」と言われた。ジャックと FIT で、コロナ禍の中、この勝手な河川河口巡りができたのは妻朝子が居たからだと感謝したい。この本を見て河川は言うかも知れない、「本当に自分勝手なのだから」と。

　出版について、東京図書出版の皆さんにお世話になった。

西山 勉 (にしやま　つとむ)

理学博士
東洋大学名誉教授

河川を巡る旅

2023年11月10日　初版第 1 刷発行

著　　者　西山　勉
発 行 者　中田 典昭
発 行 所　東京図書出版
発行発売　株式会社 リフレ出版
　　　　　〒112-0001　東京都文京区白山 5-4-1-2F
　　　　　電話 (03)6772-7906　FAX 0120-41-8080
印　　刷　株式会社 ブレイン

© Tsutomu Nishiyama
ISBN978-4-86641-673-1 C0051
Printed in Japan 2023

落丁・乱丁はお取替えいたします。
ご意見、ご感想をお寄せ下さい。